北京市历史建筑
保护图则

北京历史文化名城保护委员会办公室
北京市规划和自然资源委员会　编著
北 京 建 筑 大 学

朝阳区

·

海淀区

·

丰台区

·

石景山区

中国建筑工业出版社

图书在版编目（CIP）数据

北京市历史建筑保护图则：朝阳区·海淀区·丰台区·石景山区 / 北京历史文化名城保护委员会办公室，北京市规划和自然资源委员会，北京建筑大学编著. — 北京：中国建筑工业出版社，2023.4

ISBN 978-7-112-28454-2

Ⅰ.①北… Ⅱ.①北… ②北… ③北… Ⅲ.①古建筑—保护—研究—北京 Ⅳ.①TU-87

中国国家版本馆CIP数据核字（2023）第039065号

责任编辑：徐　冉　刘　丹
责任校对：王　烨

北京市历史建筑保护图则
朝阳区·海淀区·丰台区·石景山区

北京历史文化名城保护委员会办公室
北京市规划和自然资源委员会　　编著
北京建筑大学

*

中国建筑工业出版社出版、发行（北京海淀三里河路9号）
各地新华书店、建筑书店经销
北京锋尚制版有限公司制版
北京富诚彩色印刷有限公司印刷

*

开本：880毫米×1230毫米　1/16　印张：12½　字数：428千字
2023年8月第一版　　2023年8月第一次印刷
定价：**149.00**元
ISBN 978-7-112-28454-2
（40888）

前言

历史建筑是中华优秀传统文化的重要载体之一，在经济社会、历史文化、科学技术、建筑艺术等方面具有显著价值，突出反映地方特色和时代特点。2019～2021年，经北京市人民政府批准，分三批次公布1056栋（座）历史建筑。

重新制定的《北京历史文化名城保护条例》将历史建筑纳入保护对象，具体包括优秀近现代建筑、工业遗产、挂牌保护院落、名人旧（故）居等具有一定保护价值，能够反映历史风貌和地方特色，尚未公布为文物保护单位且尚未登记为不可移动文物的建（构）筑物。已公布的北京市历史建筑依据建筑形式、历史使用功能、建筑年代等进行分类保护，结合北京地域特色分为合院式建筑、近现代公共建筑、工业遗产、居住小区和其他建筑五类，其时间跨度达700年、覆盖全市11个区，其功能多样、风格多元，是北京丰富的历史文化遗产的重要组成部分。北京市历史建筑的保护利用对保护传统风貌、留存城市记忆、延续历史文脉、提升人居环境品质意义重大。

为帮助公众更好地了解历史建筑，更好地保护好、传承好、利用好历史建筑，我们按照"一处一表、一处一档"的标准对历史建筑进行普查，在实地考察和史料收集整理的基础上，根据最新测绘成果进行校核，形成历史建筑档案。本书选取北京市朝阳区、海淀区、丰台区、石景山区历史建筑普查成果汇编成书，包括历史建筑的基本信息、历史价值、风貌特色和保护范围等内容，并详细记录具有保护价值的部位，为后续开展历史建筑保护管理和活化利用提供基础参考依据。

北京是全国政治中心、文化中心、国际交往中心和科技创新中心，新时代首都发展要求我们更好地保护传承北京丰富的历史文化遗产。感谢北京建筑大学为本书出版提供大力支持。衷心希望本书的出版有助于提升社会各界对北京市历史建筑的认识和了解，激发保护热情，共同擦亮北京历史文化"金名片"。

目录

▋朝阳区

▋海淀区

▌丰台区

▌石景山区

北京市历史建筑保护名录（第一批～第三批）[①]

历史建筑（群）名称	建筑门牌地址	建筑单栋/座名称	建筑类型	公布批次
中国计量科研院恒温楼	北三环东路18号	中国计量科研院恒温楼	近现代公共建筑	第一批
建国门外大街外交公寓1号楼	秀水街1号	建国门外大街外交公寓1号楼	居住小区	第一批
北京国际俱乐部	建国门外大街21号	北京国际俱乐部	近现代公共建筑	第一批
齐家园外交公寓历史建筑群	建国门外大街9号院	齐家园外交公寓7号楼	居住小区	第一批
		齐家园外交公寓8号楼	居住小区	第一批
		齐家园外交公寓10号楼	居住小区	第一批
原北京电子管厂历史建筑群	酒仙桥路10号	原北京电子管厂门楼	工业遗产	第一批
		原北京电子管厂办公楼	工业遗产	第一批
		原北京电子管厂食堂	工业遗产	第一批
		原北京电子管厂101厂房	工业遗产	第一批
		原北京电子管厂102厂房	工业遗产	第一批
		原北京电子管厂仿101厂房	工业遗产	第一批
原北京有线电厂办公楼	酒仙桥路14号	原北京有线电厂办公楼	工业遗产	第一批
原北京生物制品研究所历史建筑群	三间房南里4号	原北京生物制品研究所办公楼	工业遗产	第二批
		原北京生物制品研究所大礼堂	工业遗产	第二批
		原北京生物制品研究所行政楼	工业遗产	第二批
		原北京生物制品研究所门楼	工业遗产	第二批
		原北京生物制品研究所脑炎室	工业遗产	第二批
		原北京生物制品研究所配液室	工业遗产	第二批
		原北京生物制品研究所生产研究楼	工业遗产	第二批
		原北京生物制品研究所实动办公室	工业遗产	第二批
		原北京生物制品研究所实动繁殖洗刷室	工业遗产	第二批
		原北京生物制品研究所食堂	工业遗产	第二批
		原北京生物制品研究所图书馆	工业遗产	第二批
		原北京生物制品研究所细菌研究室	工业遗产	第二批
		原北京生物制品研究所检验与原料制备车间	工业遗产	第二批
		原北京生物制品研究所血源研究室	工业遗产	第二批
		原北京生物制品研究所中丹1号宿舍楼	工业遗产	第二批
		原北京生物制品研究所中丹2号宿舍楼	工业遗产	第二批
		原北京生物制品研究所中丹教学及实验楼	工业遗产	第二批
国家奥林匹克体育中心历史建筑群	安定路1号	国家奥林匹克体育中心15号楼	近现代公共建筑	第二批
		国家奥林匹克体育中心16号楼	近现代公共建筑	第二批
		国家奥林匹克体育中心17号楼	近现代公共建筑	第二批
		国家奥林匹克体育中心体育场	近现代公共建筑	第二批
中国国际展览中心2～5号馆	北三环东路6号	中国国际展览中心2～5号馆	近现代公共建筑	第二批

（左侧纵向标注：朝阳区）

[①] 受篇幅所限，图则部分未涵盖本表所列全部历史建筑。

历史建筑（群）名称	建筑门牌地址	建筑单栋/座名称	建筑类型	公布批次	历史建筑（群）名称	建筑门牌地址	建筑单栋/座名称	建筑类型	公布批次
海淀区	北京友谊宾馆历史建筑群	中关村南大街1号	友谊宾馆乡园公寓	近现代公共建筑	第一批	清华大学照澜院历史建筑群	双清路30号	清华大学照澜院13号院	合院式建筑	第一批
			北京科学会堂（会议楼）	近现代公共建筑	第一批			清华大学照澜院14号院	合院式建筑	第一批
			友谊宾馆苏园公寓	近现代公共建筑	第一批			清华大学照澜院15号院	合院式建筑	第一批
			友谊宾馆苏园写字楼	近现代公共建筑	第一批			清华大学照澜院16号院	合院式建筑	第一批
			友谊宾馆友谊宫	近现代公共建筑	第一批			清华大学照澜院17号院	合院式建筑	第一批
			友谊宾馆雅园公寓	近现代公共建筑	第一批			清华大学照澜院18号院	合院式建筑	第一批
	清华大学北院16号院	双清路30号	清华大学北院16号院	近现代公共建筑	第一批			清华大学照澜院19号院	合院式建筑	第一批
	清华大学近现代教学楼历史建筑群	双清路30号	清华大学新水利馆	近现代公共建筑	第一批			清华大学照澜院20号院	合院式建筑	第一批
			清华大学第二教室楼	近现代公共建筑	第一批	清华大学胜因院历史建筑群	双清路30号	清华大学胜因院13号楼	居住小区	第一批
			清华大学第一教室楼	近现代公共建筑	第一批			清华大学胜因院14号楼	居住小区	第一批
			清华大学旧水利馆	近现代公共建筑	第一批			清华大学胜因院17号楼	居住小区	第一批
			清华大学旧土木馆	近现代公共建筑	第一批			清华大学胜因院21号楼	居住小区	第一批
	成志学校	双清路30号	成志学校	近现代公共建筑	第一批			清华大学胜因院22号楼	居住小区	第一批
	清华大学西院历史建筑群	双清路30号	清华大学西院11号院	合院式建筑	第一批			清华大学胜因院25号楼	居住小区	第一批
			清华大学西院12号院	合院式建筑	第一批			清华大学胜因院26号楼	居住小区	第一批
			清华大学西院13号院	合院式建筑	第一批			清华大学胜因院27号楼	居住小区	第一批
			清华大学西院14号院	合院式建筑	第一批			清华大学胜因院28号楼	居住小区	第一批
			清华大学西院15号院	合院式建筑	第一批			清华大学胜因院29号楼	居住小区	第一批
			清华大学西院16号院	合院式建筑	第一批			清华大学胜因院30号楼	居住小区	第一批
			清华大学西院17号院	合院式建筑	第一批			清华大学胜因院32号楼	居住小区	第一批
			清华大学西院21号院	合院式建筑	第一批			清华大学胜因院36号楼	居住小区	第一批
			清华大学西院22号院	合院式建筑	第一批			清华大学胜因院37号楼	居住小区	第一批
			清华大学西院23号院	合院式建筑	第一批	清华大学新林院历史建筑群	双清路30号	清华大学新林院1号楼	居住小区	第一批
			清华大学西院24号院	合院式建筑	第一批			清华大学新林院2号楼	居住小区	第一批
			清华大学西院26号院	合院式建筑	第一批			清华大学新林院3号楼	居住小区	第一批
			清华大学西院27号院	合院式建筑	第一批			清华大学新林院4号楼	居住小区	第一批
			清华大学西院31号院	合院式建筑	第一批			清华大学新林院5号楼	居住小区	第一批
			清华大学西院32号院	合院式建筑	第一批			清华大学新林院6号楼	居住小区	第一批
			清华大学西院33号院	合院式建筑	第一批			清华大学新林院7号楼	居住小区	第一批
			清华大学西院34号院	合院式建筑	第一批			清华大学新林院9号楼	居住小区	第一批
			清华大学西院35号院	合院式建筑	第一批			清华大学新林院10号楼	居住小区	第一批
			清华大学西院36号院	合院式建筑	第一批			清华大学新林院11号楼	居住小区	第一批
			清华大学西院37号院	合院式建筑	第一批			清华大学新林院12号楼	居住小区	第一批
			清华大学西院41号院	合院式建筑	第一批			清华大学新林院21号楼	居住小区	第一批
			清华大学西院42号院	合院式建筑	第一批			清华大学新林院22号楼	居住小区	第一批
			清华大学西院43号院	合院式建筑	第一批			清华大学新林院23号楼	居住小区	第一批
			清华大学西院44号院	合院式建筑	第一批			清华大学新林院31号楼	居住小区	第一批
			清华大学西院45号院	合院式建筑	第一批			清华大学新林院32号楼	居住小区	第一批
			清华大学西院46号院	合院式建筑	第一批			清华大学新林院41号楼	居住小区	第一批
			清华大学西院47号院	合院式建筑	第一批			清华大学新林院42号楼	居住小区	第一批
	清华大学照澜院历史建筑群	双清路30号	清华大学照澜院1号楼	居住小区	第一批			清华大学新林院43号楼	居住小区	第一批
			清华大学照澜院2号楼	居住小区	第一批			清华大学新林院51号楼	居住小区	第一批
			清华大学照澜院3号楼	居住小区	第一批			清华大学新林院52号楼	居住小区	第一批
			清华大学照澜院4号楼	居住小区	第一批			清华大学新林院53号楼	居住小区	第一批
			清华大学照澜院5号楼	居住小区	第一批			清华大学新林院61号楼	居住小区	第一批
			清华大学照澜院6号楼	居住小区	第一批	燕园公共建筑历史建筑群	颐和园路5号	燕园老锅炉房	近现代公共建筑	第一批
			清华大学照澜院7号楼	居住小区	第一批			燕园方楼	近现代公共建筑	第一批
			清华大学照澜院8号楼	居住小区	第一批	燕东园历史建筑群	颐和园路5号	燕东园21号楼	居住小区	第一批
			清华大学照澜院9号楼	居住小区	第一批			燕东园22号楼	居住小区	第一批
			清华大学照澜院10号楼	居住小区	第一批			燕东园23号楼	居住小区	第一批
			清华大学照澜院11号院	合院式建筑	第一批			燕东园24号楼	居住小区	第一批
			清华大学照澜院12号院	合院式建筑	第一批			燕东园25号楼	居住小区	第一批
								燕东园28号楼	居住小区	第一批
								燕东园30号楼	居住小区	第一批
								燕东园31号楼	居住小区	第一批
								燕东园32号楼	居住小区	第一批
								燕东园33号楼	居住小区	第一批
								燕东园34号楼	居住小区	第一批
								燕东园35号楼	居住小区	第一批
								燕东园36号楼	居住小区	第一批

海淀区

历史建筑（群）名称	建筑门牌地址	建筑单栋/座名称	建筑类型	公布批次	历史建筑（群）名称	建筑门牌地址	建筑单栋/座名称	建筑类型	公布批次
燕东园历史建筑群	颐和园路5号	燕东园37号楼	居住小区	第一批	原苏联展览馆招待所历史建筑群	三里河路1号	原苏联展览馆招待所七号楼	近现代公共建筑	第二批
		燕东园39号楼	居住小区	第一批			原苏联展览馆招待所八号楼	近现代公共建筑	第二批
		燕东园40号楼	居住小区	第一批			原苏联展览馆招待所九号楼	近现代公共建筑	第二批
		燕东园41号楼	居住小区	第一批			原北京市西苑大旅社大礼堂会议楼	近现代公共建筑	第二批
		燕东园42号楼	居住小区	第一批	原北京丝绸厂历史建筑群	安宁庄东路18号光华创业园	原北京丝绸厂1号厂房	工业遗产	第二批
燕南园历史建筑群	颐和园路5号	燕南园50号楼	居住小区	第一批			原北京丝绸厂2号厂房	工业遗产	第二批
		燕南园51号楼	居住小区	第一批			原北京丝绸厂办公楼	工业遗产	第二批
		燕南园52号楼	居住小区	第一批			原北京丝绸厂礼堂	工业遗产	第二批
		燕南园53号楼	居住小区	第一批	原北京青云仪器厂历史建筑群	北三环西路43号	原北京青云仪器厂1号厂房	工业遗产	第二批
		燕南园54号楼	居住小区	第一批			原北京青云仪器厂2号厂房	工业遗产	第二批
		燕南园55号楼	居住小区	第一批			原北京青云仪器厂3号厂房	工业遗产	第二批
		燕南园56号楼	居住小区	第一批			原北京青云仪器厂4号厂房	工业遗产	第二批
		燕南园57号楼	居住小区	第一批	原北京大华无线电仪器厂历史建筑群	学院路5号768创意园	原北京大华无线电仪器厂办公楼及试制车间	工业遗产	第二批
		燕南园58号楼	居住小区	第一批			原北京大华无线电仪器厂机加车间	工业遗产	第二批
		燕南园59号楼	居住小区	第一批			原北京大华无线电仪器厂波导车间	工业遗产	第二批
		燕南园60号楼	居住小区	第一批			原北京大华无线电仪器厂木工车间	工业遗产	第二批
		燕南园61号楼	居住小区	第一批			原北京大华无线电仪器厂电镀表面车间	工业遗产	第二批
		燕南园62号楼	居住小区	第一批	原北京葡萄酒厂历史建筑群	玉泉路2号	原北京葡萄酒厂第一生产厂房及地下室	工业遗产	第二批
		燕南园63号楼	居住小区	第一批			原北京葡萄酒厂第二生产厂房及地下室	工业遗产	第二批
		燕南园64号楼	居住小区	第一批	北京六一幼儿院历史建筑群	青龙桥6间房1号	北京六一幼儿院主教学楼	近现代公共建筑	第二批
		燕南园65号楼	居住小区	第一批			北京六一幼儿院北教学楼	近现代公共建筑	第二批
		燕南园66号楼	居住小区	第一批	国家图书馆总馆南区（原北京图书馆新馆）	中关村南大街33号	国家图书馆总馆（南区）原北京图书馆新馆	近现代公共建筑	第三批
北京大学近现代教学楼历史建筑群	颐和园路5号	北京大学第一教学楼	近现代公共建筑	第一批	北京林业大学近现代历史建筑群	清华东路35号	北京林业大学1号宿舍楼	近现代公共建筑	第三批
		北京大学遥感楼	近现代公共建筑	第一批			北京林业大学2号宿舍楼	近现代公共建筑	第三批
		北京大学电化教学楼	近现代公共建筑	第一批			北京林业大学3号宿舍楼	近现代公共建筑	第三批
北京大学南门宿舍楼历史建筑群	颐和园路5号	北京大学19号楼	近现代公共建筑	第一批			北京林业大学4号宿舍楼	近现代公共建筑	第三批
		北京大学20号楼	近现代公共建筑	第一批			北京林业大学5号宿舍楼	近现代公共建筑	第三批
		北京大学21号楼	近现代公共建筑	第一批	中国农业大学近现代历史建筑群	清华东路17号	中国农业大学第二教学楼	近现代公共建筑	第三批
		北京大学22号楼	近现代公共建筑	第一批			中国农业大学1号楼	近现代公共建筑	第三批
		北京大学23号楼	近现代公共建筑	第一批			中国农业大学2号楼	近现代公共建筑	第三批
		北京大学24号楼	近现代公共建筑	第一批			中国农业大学3号楼	近现代公共建筑	第三批
中关村特楼历史建筑群	海淀区中关村北一街	中关村13号楼	居住小区	第一批			中国农业大学4号楼	近现代公共建筑	第三批
		中关村14号楼	居住小区	第一批			中国农业大学5号楼	近现代公共建筑	第三批
		中关村15号楼	居住小区	第一批			中国农业大学7号楼	近现代公共建筑	第三批
中国政法大学近现代历史建筑群	西土城路25号	中国政法大学老1号楼	近现代公共建筑	第二批	温泉路118号院内传统建筑	温泉路118号	温泉路118号院内传统建筑	合院式建筑	第三批
		中国政法大学主教学楼	近现代公共建筑	第三批	原中法大学所属第二农林试验场酒窖	双坡路1号	原中法大学所属第二农林试验场酒窖	其他建筑	第三批
北京航空航天大学近现代历史建筑群	学院路37号	北京航空航天大学一号楼	近现代公共建筑	第二批	后营村3号院	青龙桥后营村3号	后营村3号院北房	合院式建筑	第三批
		北京航空航天大学二号楼	近现代公共建筑	第二批					
		北京航空航天大学三号楼	近现代公共建筑	第二批					
		北京航空航天大学四号楼	近现代公共建筑	第二批					
原苏联展览馆招待所历史建筑群	三里河路1号	原苏联展览馆招待所十号楼	近现代公共建筑	第二批					
		原苏联展览馆招待所二号楼	近现代公共建筑	第二批					
		原苏联展览馆招待所三号楼	近现代公共建筑	第二批					
		原苏联展览馆招待所四号楼	近现代公共建筑	第二批					
		原苏联展览馆招待所五号楼	近现代公共建筑	第二批					
		原苏联展览馆招待所六号楼	近现代公共建筑	第二批					

	历史建筑（群）名称	建筑门牌地址	建筑单栋/座名称	建筑类型	公布批次
	将军楼	万源西里28栋	将军楼	居住小区	第一批
	宛平城139号院	卢沟桥宛平城139号	宛平城139号院	合院式建筑	第二批
	宛平城147号院	卢沟桥宛平城147号	宛平城147号院	合院式建筑	第二批
	原北京第二通用机器厂历史建筑群	卢沟桥街道张仪村路首钢二通产业园	原北京第二通用机器厂组装车间	工业遗产	第二批
			原北京第二通用机器厂北热处理车间	工业遗产	第二批
			原北京第二通用机器厂南热处理车间	工业遗产	第二批
			原北京第二通用机器厂水压车间	工业遗产	第二批
			原北京第二通用机器厂制砂车间	工业遗产	第二批
			原北京第二通用机器厂厂史馆	工业遗产	第二批
	原北京无线电磁性材料厂报告厅	大红门东后街143号	北京无线电磁性材料厂报告厅	工业遗产	第二批
	长辛店火车站	长辛店火车站	长辛店火车站	近现代公共建筑	第三批
	长辛店原冯家大院	长辛店大街43、45、47、49号	长辛店原冯家大院	合院式建筑	第三批
	长辛店聚来永副食店	长辛店大街89、90号	长辛店聚来永副食店	近现代公共建筑	第三批
	长辛店原夏家院	成合里5号	长辛店原夏家院	合院式建筑	第三批
	长辛店冯家旧址	平安里2、3、4号	长辛店冯家旧址	合院式建筑	第三批
	教堂胡同94号院	教堂胡同94号	教堂胡同94号院	合院式建筑	第三批
	长辛店原回民食堂	长辛店大街105号	长辛店原回民食堂	合院式建筑	第三批
丰	长辛店原第一理发店	长辛店大街121号	长辛店原第一理发店	合院式建筑	第三批
台	教堂胡同77号院	教堂胡同77号	教堂胡同77号院	合院式建筑	第三批
区	教堂胡同128号院	教堂胡同128号	教堂胡同128号院	合院式建筑	第三批
	火神庙口9号院	火神庙口9号	火神庙口9号院	合院式建筑	第三批
	长辛店原忆年华照相馆	长辛店大街131号	长辛店原忆年华照相馆	近现代公共建筑	第三批
	长辛店大街188号院	长辛店大街188号	长辛店大街188号院	合院式建筑	第三批
	曹家口11号院	曹家口11号	曹家口11号院	合院式建筑	第三批
	火神庙口10号院	火神庙口10号	火神庙口10号院	合院式建筑	第三批
	火神庙口4号院	火神庙口4号	火神庙口4号院	合院式建筑	第三批
	娘娘宫口5号院	娘娘宫口5号	娘娘宫口5号院	合院式建筑	第三批
	留养局口18号院	留养局口18号	留养局口18号院	合院式建筑	第三批
	王家口5号院	王家口5号	王家口5号院	合院式建筑	第三批
	留养局口13号院	留养局口13号	留养局口13号院	合院式建筑	第三批
	长辛店大街179号院	长辛店大街179号	长辛店大街179号院	合院式建筑	第三批
	西后街8号院	西后街8号	西后街8号院	合院式建筑	第三批
	西后街37号院	西后街37号	西后街37号院	合院式建筑	第三批
	长辛店原云盛号布店	长辛店大街205号	长辛店原云盛号布店	合院式建筑	第三批
	长辛店小老爷庙旧址	花生店2号	长辛店小老爷庙旧址	合院式建筑	第三批
	西后街85号院	西后街85号	西后街85号院	合院式建筑	第三批
	长辛店大街281号院	长辛店大街281号	长辛店大街281号院	合院式建筑	第三批
	长辛店大街299号院	长辛店大街299号	长辛店大街299号院	合院式建筑	第三批
	长辛店大街287号院	长辛店大街287号	长辛店大街287号院	合院式建筑	第三批
	模式口大街14号院	模式口大街14号院	模式口大街14号院	合院式建筑	第二批
石	模式口大街65号院	模式口大街65号院	模式口大街65号院	合院式建筑	第二批
景	模式口大街69号院	模式口大街69号院	模式口大街69号院	合院式建筑	第二批
山	模式口大街71号院	模式口大街71号院	模式口大街71号院	合院式建筑	第二批
区	模式口大街82号院	模式口大街82号院	模式口大街82号院	合院式建筑	第二批
	模式口大街86号院	模式口大街86号院	模式口大街86号院	合院式建筑	第二批
	模式口大街89号院	模式口大街89号院	模式口大街89号院	合院式建筑	第二批
	模式口大街178号院	模式口大街178号院	模式口大街178号院	合院式建筑	第二批

朝阳区

中国计量科研院恒温楼
建外街道第一使馆分区
原北京电子管厂历史建筑群
原北京有线电厂办公楼
原北京生物制品研究所历史建筑群
国家奥林匹克体育中心历史建筑群
中国国际展览中心 2 ~ 5 号馆

中国计量科研院恒温楼

中国计量科学研究院（简称"中国计量科研院"）是国家最高的计量科学研究中心和国家级法定计量技术机构，担负着确保国家量值统一和国际一致、保持国家最高测量能力、支撑国家发展质量提升、应对新技术革命挑战等重要而光荣的使命。自1955年成立以来，中国计量科研院在推动我国科技创新、经济社会发展和满足国家战略需求方面作出了重要贡献，在食品安全、航空航天、卫星导航、西气东输、高铁建设等领域发挥了重要作用。

新中国成立初期，我国没有统一的计量单位，导致出现各种因计量单位不统一而造成的事故，为解决这一技术问题，遂成立中国计量科研院，设有多个实验室，进行计量领域的科学研究活动。

1955年，中国第一座用于计量科研的恒温楼——中国计量科研院恒温楼由苏联协助建成；20世纪90年代，在恒温楼正中南侧加建设备用房，以满足恒温恒湿标准。

本次将中国计量科研院恒温楼列为历史建筑，重点关注了新中国成立后我国计量科学技术研究壮大发展这一历史背景。这栋科研建筑解决了新中国成立初期没有恒温恒湿场所开展计量科学研究的问题。建筑风格体现了当时民族主义与现代建筑的融合。

历史建筑清单

历史建筑名称	历史建筑编号
中国计量科研院恒温楼	BJ_CY_HPJ_0001

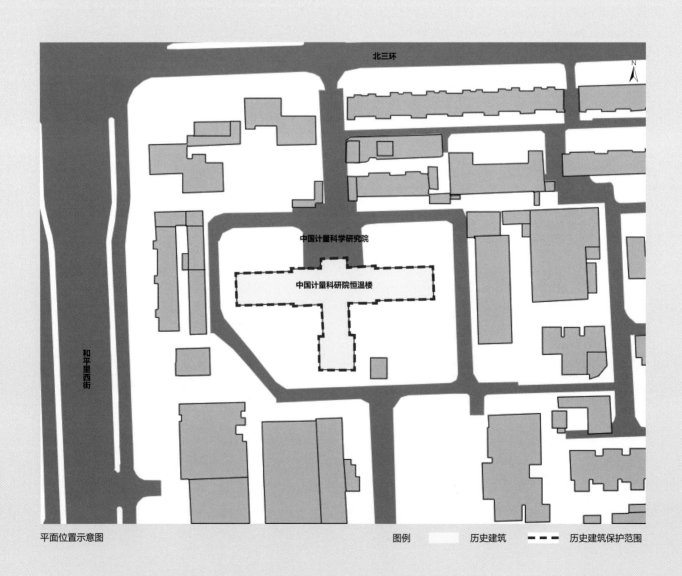

平面位置示意图

图例 ▢ 历史建筑 ▬▬ 历史建筑保护范围

01 中国计量科研院恒温楼

BJ_CY_HPJ_0001

建筑类别	近现代公共建筑
年　代	1949～1979年
建筑层数	4层
建筑结构	钢筋混凝土结构
公布批次	第一批

建筑概况

中国计量科研院恒温楼建筑坐南朝北，为钢筋混凝土结构，平面呈三段式布局，中部地上4层，东西两侧地上3层，地下1层，平屋顶。入口处外出四柱门廊，门廊檐壁饰有茛苕叶纹饰。建筑立面为三段式划分，一层及台基为水泥格饰面，面层抽缝处理，仿石材十字缝砌筑分格；一层开半八角拱形窗，外饰线条窗套；二层以上为清水红砖墙体，竖向划分，墙顶饰简化壁柱柱头，每段墙体之上檐口部位饰花卉一朵；墙间开窗，窗下饰灰塑卷草纹饰面；上部檐口饰有垂花浮雕。室内井字梁，做石膏装饰，水磨石地面。20世纪90年代在建筑正中南侧加建设备用房以满足恒温恒湿要求。

我国的长度、温度、光学、质量等对温度、环境要求十分高的度量参数基准一直保存在恒温楼中，该楼在我国计量科学发展中有极高的历史与现实地位，其建筑本身体现了折中主义风格，具有一定的历史、科学、艺术价值。

中国计量科研院恒温楼全景

西立面

檐部装饰

入口装饰

建外街道第一使馆分区

20世纪50年代，随着我国建交国家的增多，原来设在东交民巷和南河沿一带的使馆建筑从数量到功能都远远不能满足发展的需要，因此在建国门外新建一处使馆区——建外街道第一使馆分区（简称"第一使馆区"）。第一使馆区于20世纪50年代末开始建设，70年代初建成。该区域相继配套建设了齐家园外交公寓、北京国际俱乐部、建国门外大街外交公寓、友谊商店等建筑，为国外驻京外交人员提供生活便利。

外交公寓建筑是提供给除大使以外的其他外交官员和工作人员的住所。多数大使馆内只建大使官邸，不建官员宿舍，为了适应各国驻京人员的需要，北京陆续建了4处外交公寓群，其中2处位于第一使馆区，分别为建国门外大街外交公寓和齐家园外交公寓，在20世纪50年代和70年代分两批建成。

1959年，建设了新中国成立以来第一个外交公寓——齐家园外交公寓7号楼，是按当时的多户住宅模式修建，为砖混结构板式住宅楼，房间面积较为局促，建筑外观具有当时典型的民族主义与现代建筑融合的特征，整体采用现代建筑体量，局部施以简化的中国传统建筑构件装饰。

1971～1975年，在建国门外大街以北、齐家园外交公寓7号楼以西陆续配套建设建国门外大街外交公寓1号楼，齐家园外交公寓8号楼、10号楼等建筑。随着建筑结构技术的发展，外交公寓建筑开始出现钢筋混凝土框架结构形式，建筑平面具有布局灵活的特点，减少了大进深带来黑房间的问题，通风也明显有所改善，建筑外观整体为现代

主义风格。无论是内部装饰还是外部装修，标准都有所提高，平均每户面积为160～170平方米。

公共服务建筑是供驻华使馆人员及来京各国人士进行文娱、体育和社交活动的场所，该类型的建筑建设于我国国际交往开始扩大的时期。北京国际俱乐部是这类建筑的典型代表。

1972年，在建国门外大街外交公寓1号楼东侧地块建设北京国际俱乐部，为钢筋混凝土框架结构，内设电影厅、中西餐厅、宴会厅、舞厅、台球房、网球场、游泳池等多种娱乐、服务功能。建筑外观延续了20世纪50年代民族主义与现代建筑融合的特征，整体采用现代建筑设计手法，局部施以简约的中国传统建筑符号装饰。

使馆建筑、外交公寓建筑与公共服务建筑共同组成了第一使馆区丰富的建筑类型，建筑风格逐渐从民族主义向现代主义建筑风格转变。第一使馆区的建设反映了新中国成立以来我国国际政治地位的不断提升，是我国实行对外交往的平台，也是北京城市建设逐步现代化的一个缩影。

历史建筑清单

历史建筑名称		历史建筑编号
建国门外大街外交公寓1号楼		BJ_CY_JW_0001
北京国际俱乐部		BJ_CY_JW_0002
齐家园外交公寓历史建筑群	齐家园外交公寓7号楼	BJ_CY_JW_0003_01
	齐家园外交公寓8号楼	BJ_CY_JW_0003_02
	齐家园外交公寓10号楼	BJ_CY_JW_0003_03

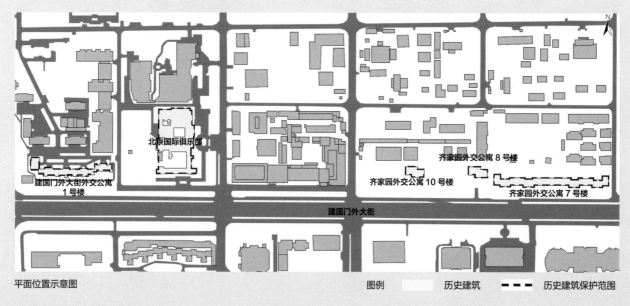

平面位置示意图

图例　　　　历史建筑　　- - -　历史建筑保护范围

01 建国门外大街外交公寓 1号楼

BJ_CY_JW_0001

建筑类别	居住小区
年 代	1949～1979年
建筑层数	主体9层，局部7层
建筑结构	钢筋混凝土结构
公布批次	第一批

建筑概况

建国门外大街外交公寓1号楼位于北京市朝阳区建国门立交桥的东北角，原名为建国门外大街外交公寓9号楼。由北京建筑设计研究院吴观张、张悲祥设计，建成于1972年，为各国驻华使馆、国际组织代表机构、各新闻机构及其人员提供办公、居住用房和相关的服务。

该建筑坐北朝南，为钢筋混凝土结构板式住宅楼，平面呈"L"形，主体建筑地上9层、地下1层，东西两侧建筑各7层，各设楼梯、电梯。建筑立面处理简洁大方，连通的阳台构成了水平线条，使建筑外形开阔而舒展，再加上转角处的实体墙面与玻璃之间形成虚实对比，使立面更富于变化。

建国门外地区第一使馆区从20世纪50年代以来逐渐成为驻华外交人员办公、聚居、购物和娱乐的综合性区域，建国门外大街外交公寓1号楼是该区域的代表性建筑之一，典型的现代主义风格公寓式住宅建筑，呈现出简约美，具有一定的历史、艺术和科学价值。

建国门外大街外交公寓1号楼全景

南立面

西立面

立面装饰

立面阳台及装饰

檐部装饰

02 北京国际俱乐部
BJ_CY_JW_0002

建筑类别	近现代公共建筑
年　代	1949~1979年
建筑层数	主体2层，局部3层
建筑结构	钢筋混凝土结构
公布批次	第一批

建筑概况

北京国际俱乐部位于朝阳区建国门外大街外交公寓1号楼东侧，1972年由北京建筑设计研究院吴观张、马国馨等人设计。北京国际俱乐部是该区域开展各类文化娱乐活动的代表性建筑。

建筑坐西朝东，钢筋混凝土结构，主体建筑2层，局部3层，平面为不规则形，设有几处规模不等的内庭院。其中，前院规模最大，设有亭、廊、平台、花架、荷花池、喷泉等。建筑主入口面向东、正对日坛路，前凸式门廊，中间楼梯、两侧弧形坡道，入口南侧外立面为混凝土花格装饰。建筑外墙嵌大面积玻璃，立面整体贴土黄色马赛克，墙面装饰白色混凝土立柱。建筑南侧入口前出柱廊，三层阳台围栏栏板有菱形花饰，屋顶设平台，有白色围栏。

北京国际俱乐部作为建国门外地区重要的综合娱乐场所，其建筑平面根据不同功能分区合理布局，并结合功能将中式庭院空间巧妙置于建筑内部，增加了建筑空间的多样性，建筑形体高低错落，具有一定的历史、艺术价值。

北京国际俱乐部全景

南立面局部

二层外廊

立面装饰

03 齐家园外交公寓7号楼

BJ_CY_JW_0003_01

建筑类别	居住小区
年　代	1949～1979年
建筑层数	5～7层
建筑结构	砖混结构
公布批次	第一批

齐家园外交公寓7号楼全景

建筑概况

齐家园外交公寓7号楼位于朝阳区建国门外大街齐家园外交公寓8号楼东侧，1959年建成，是新中国成立以来建成的第一座外交公寓楼，由北京建筑设计研究院孙立己、吴德清设计。该建筑为新中国成立初期各国驻华使馆、国际组织代表机构、各新闻机构及其工作人员提供了办公、居住用房和相关的服务。

建筑坐北朝南，入口位于建筑北侧，砖混结构板式住宅楼，平屋顶，严格对称布局。整个建筑横向为五段式，中部7层，两翼6层，东西两端5层。建筑立面纵向采用三段式构图：底层外墙面原为灰白色水刷石饰面（后改为石材贴面）；中段外墙原为清水红砖墙面（后外加米色贴面砖）；顶层檐口、外墙原为灰白色水刷石（后外加米色贴面砖）。建筑入口处，在二层以上作四柱三间拱廊式造型处理，四根粗大的立柱贯穿上下5层，凸显了主入口的高大、显赫和威严。檐口下方施以简化的中国传统建筑构件装饰，使建筑整体在现代主义风格中又带有民族特色。

齐家园外交公寓7号楼作为建国门外地区最早建设的公寓式住宅建筑，按多户住宅模式修建，具有一定的历史价值。同时，建筑外观具有当时典型的民族主义与现代建筑融合的特征，反映了当时对"民族形式"的探索，具有一定的艺术价值。

南立面

底层外墙

立面装饰

阳台装饰

檐部装饰（一）

檐部装饰（二）

04 齐家园外交公寓8号楼
BJ_CY_JW_0003_02

05 齐家园外交公寓10号楼
BJ_CY_JW_0003_03

建筑类别	居住小区
年 代	1949~1979年
建筑层数	16层
建筑结构	钢筋混凝土结构
公布批次	第一批

建筑概况

齐家园外交公寓8号楼、10号楼两栋建筑外观与结构相同，同时期建造，位于朝阳区建国门外大街友谊商店东侧。齐家园外交公寓8号楼曾编号为12号楼，10号楼曾编号为14号楼，均由北京建筑设计研究院陈绮、梁震宇等设计，建成于1974年，为各国驻华使馆、国际组织代表机构、各新闻机构及其人员提供办公、居住用房和相关的服务。

建筑坐北朝南，双矩形错叠平面，为钢筋混凝土结构公寓塔楼，首层至十五层梁、板、柱等均为预制，连接现浇成整体，屋顶有设备层、水箱间、电梯间及两层挑檐，楼板采用双向预应力井字梁式板，每个柱网间为整块楼板。建筑外形简洁方正，顶部玻璃窗和水泥花格围成的瞭望廊将电梯机房及水箱间遮挡起来。立面外墙底层为水刷石饰面，墙身采用杏黄色马赛克面砖饰面的预应力壁板，南面阳台凹处为浅绿色涂料饰面，腰线及窗套为白色。

齐家园外交公寓8号楼、10号楼是建国门外地区较早的高层建筑，典型的现代主义风格公寓式住宅，是北京首次使用大模剪力墙、外挂板的结构体系，具有一定的历史、科学和艺术价值。

齐家园外交公寓8号楼南立面

齐家园外交公寓8号楼立面及阳台装饰

齐家园外交公寓8号楼檐部装饰

齐家园外交公寓10号楼南立面

齐家园外交公寓10号楼立面及阳台装饰

齐家园外交公寓10号楼檐部装饰

齐家园外交公寓8号楼全景

齐家园外交公寓8号楼与10号楼全景

原北京电子管厂历史建筑群

北京电子管厂，即原电子工业部所属的774厂，由周恩来总理批准筹建，选址于酒仙桥电子工业区，始建于1953年。该厂是我国"一五"（1953～1957年）时期，苏联对新中国工业领域的156个援助项目之一。

1956年，北京电子管厂开工投产。在新中国成立后的30年间，北京电子管厂曾是中国最大、最强的电子元器件厂（20世纪60年代是亚洲最大的电子管厂）。

1956年厂区建成时的主体建筑在布局上沿东西向中轴对称，从前至后（自西向东）包括"前三楼"——门楼（现为B1号楼）、门楼后对称布局的办公楼（现为B2号楼）和食堂（现为B3号楼），以及后面的101厂房（现为B4～B9号楼）与再后面的102厂房（现为B12号楼）。建筑均为对称布局。101厂房约3万平方米，102厂房约1万平方米，均为电子元器件生产车间。

20世纪60年代在厂区东北侧增建大型仿101厂房（现为B36号楼），也用于生产电子管。同时增建各类服务配套设施用房。

1993年4月，北京电子管厂成立了混合所有制的北京东方电子集团股份有限公司，把电子管厂的办公楼和部分厂区辟为"东方花园"使用。后对建筑进行了改造，成为京东方恒通国际商务园（BOE Universal Business Park，简称UBP），逐渐成为北京市朝阳区一处集办公、休闲、绿色低碳于一体的花园式商务科技园区。

该建筑群内的门楼、办公楼、食堂建筑展现了当时对中国民族形式建筑的探索，建筑造型端庄、典雅，局部施以大量简化的中国传统建筑构件装饰，具有典型的民族主义与现代建筑融合的特征，体现了较高的历史、艺术和科学价值；该建筑群内的厂房建筑属典型的苏联式现代工业建筑风格，巨大的建筑体量，灵活布局，造型简洁、平稳、舒展，建造技术体现时代特征，为现代工业建筑发展演变研究提供了难得的实物史料，具有一定的历史、艺术和科学价值。

历史建筑清单

历史建筑名称	历史建筑编号
原北京电子管厂门楼	BJ_CY_JXQ_0002_01
原北京电子管办公楼	BJ_CY_JXQ_0002_02
原北京电子管厂食堂	BJ_CY_JXQ_0002_03
原北京电子管厂101厂房	BJ_CY_JXQ_0002_04
原北京电子管厂102厂房	BJ_CY_JXQ_0002_05
原北京电子管厂仿101厂房	BJ_CY_JXQ_0002_06

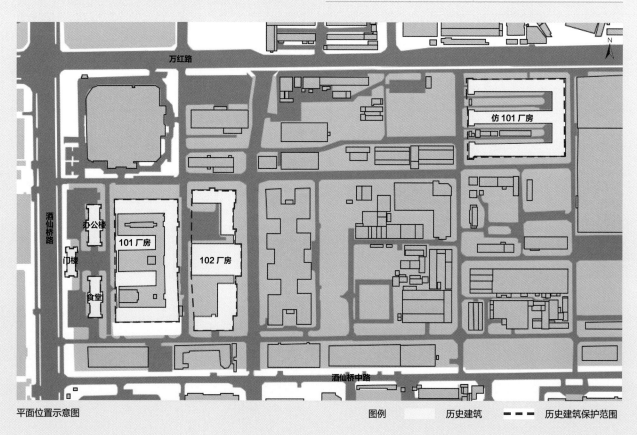

平面位置示意图　　　　　　　　　图例　　　历史建筑　－－－历史建筑保护范围

01 原北京电子管厂门楼

BJ_CY_JXQ_0002_01

建筑类别	工业遗产
年　代	1949～1979年
建筑层数	2层
建筑结构	混合结构
公布批次	第一批

建筑概况

原北京电子管厂门楼，现在是B1号楼，位于厂区西入口，建于1956年，是建厂初期的主要建筑，与办公楼、食堂共同称为"前三楼"。

门楼为厂区主入口，面向西侧外部道路。建筑平面矩形，高2层，混合结构，为典型的中西合璧式建筑风格。建筑为青砖清水墙，一层窗下做仿石外墙裙，混凝土仿中式歇山屋顶，屋面灰色机瓦。建筑东、西立面均设有外廊，对称布局，石质台明上排布8根灰色混凝土柱，一层混凝土梁外侧面仿中式挂檐板装饰灰色连续如意纹，二层混凝土梁外侧面仿中式额枋及雀替。南、北侧立面一致，有嵌入式阳台、铁栏杆。屋顶歇山面设透气窗，混凝土博风板下装饰有悬鱼。

原北京电子管厂门楼全景

南立面

阳台装饰

檐部装饰

02 原北京电子管厂办公楼

BJ_CY_JXQ_0002_02

建筑类别	工业遗产
年　代	1949～1979年
建筑层数	3层
建筑结构	混合结构
公布批次	第一批

建筑概况

原北京电子管厂办公楼，现为B2号楼，位于厂区西侧入口门楼后北侧，建于1956年，是建厂初期的主要建筑，与门楼、食堂共同称为"前三楼"。改造后作为办公用房使用。

建筑平面呈矩形，中轴对称沿南北向展开，高3层，平屋顶，混合结构，为典型的中西合璧式建筑风格。建筑为青砖清水墙，建筑立面以简化的仿中式建筑构件装饰；山墙面凸出青砖壁柱，二、三楼窗下搭配白色窗间墙；入口突出白色水泥三角屋檐装饰，下面雕刻出中式额枋和雀替造型，搭配回纹装饰；屋顶仿中式建筑装饰有白色瓦当、方椽、斗栱、额枋、梁头等。

北立面

南立面

窗户装饰

檐部装饰（一）

檐部装饰（二）

立面装饰

立面及窗户装饰

03 原北京电子管厂食堂

BJ_CY_JXQ_0002_03

建筑类别	工业遗产
年 代	1949～1979年
建筑层数	3层
建筑结构	砖混结构
公布批次	第一批

建筑概况

原北京电子管厂食堂，现为B3号楼，位于厂区西侧入口门楼后南侧，和办公楼沿中轴线对称布置，建于1956年，是建厂初期的主要建筑，与门楼、办公楼共同称为"前三楼"。改造后作为办公用房使用。

该建筑沿南北向展开，三段式，对称布局，中间和两端凸起，建筑高3层、砖混结构、平屋顶，与北侧办公楼平面布局基本一致，立面造型局部细节作了简化处理，如东侧入口无雨篷门头装饰。

原北京电子管厂食堂全景

南立面

窗户及立面装饰

檐部装饰（一）

檐部装饰（二）

入口装饰（一）

入口装饰（二）

04 原北京电子管厂101厂房

BJ_CY_JXQ_0002_04

建筑类别	工业遗产
年 代	1949～1979年
建筑层数	3层
建筑结构	混合结构
公布批次	第一批

建筑概况

原北京电子管厂101厂房，现为B4–B9号楼，位于厂区西侧入口"前三楼"后面，建于1956年，是建厂初期的主要建筑，为电子元器件生产车间。改造后作为办公用房使用。

101厂房是大型组合式建筑，平面呈"四"字形，由5个"方盒子"组成。东侧为一长条形建筑，西侧为长廊，中间连接4座建筑，并形成3个矩形封闭庭院。建筑整体沿东西向中轴对称，四面均有入口，混合结构，高3层，缓坡屋顶。建筑为现代主义风格，3层均由灰色腰线分隔，沿横向伸展，简洁、大气。青砖清水墙，规则排布的矩形玻璃窗内凹，形成丰富的光影变化。楼梯间高出屋顶2层。内庭院后加建中式亭子，布置绿化景观。

原北京电子管厂101厂房全景

东立面

廊下装饰

窗户

05 原北京电子管厂102厂房

BJ_CY_JXQ_0002_05

建筑类别	工业遗产
年代	1949～1979年
建筑层数	主体4层，局部2层
建筑结构	混合结构
公布批次	第一批

建筑概况

原北京电子管厂102厂房，现在是B12号楼，位于厂区101厂房的后面，建于1956年，是建厂初期的主要建筑，为电子元器件生产车间。改造后作为办公用房使用。

102厂房是大型组合式建筑，平面呈"山"字形，整体由5个"方盒子"组成，建筑整体沿东西向中轴对称，均为平屋顶。中间建筑体量最大，高4层；南、北两翼各伸出"L"形建筑，高2层；中间为2个面向西侧的开敞式庭院。建筑为青砖清水墙面，每层楼板处皆用白色复杂线脚作为横向分隔，连续伸展，显得简洁、大气。规则排布的矩形玻璃窗，统一的白色窗过梁，呈现极强的韵律感和丰富的光影效果。

原北京电子管厂102厂房全景　东立面　　　　檐部装饰　　　　入口装饰

06 原北京电子管厂仿101厂房

BJ_CY_JXQ_0002_06

建筑类别	工业遗产
年代	1949～1979年
建筑层数	3层
建筑结构	混合结构
公布批次	第一批

建筑概况

原北京电子管厂仿101厂房，原为B36号楼，位于厂区的东北角，是20世纪60年代为扩大电子元器件生产线而增建的主要建筑。改造后作为办公用房使用。

仿101厂房是大型组合式建筑，整体仿照101厂房形式，由4个"方盒子"组成"山"字形，对称布局，由东侧1个长条形东西向建筑，连接3座南北向建筑，中间为2个面西的开敞庭院。建筑高3层，平屋顶，混合结构，现代主义风格。灰色基座，青砖清水墙面，水泥窗间墙，建筑外立柱边框刷成白色进行划分。西侧入口略向外凸，为圆拱形门、窗，顶部装饰白色复杂线脚。内部装修保留混凝土梁柱及管道设备。建筑外立面为满足现代建筑消防要求，后期加设封闭式疏散楼梯间。

原北京电子管厂仿101厂房全景　西立面　　　窗户装饰　　　　檐部装饰

原北京有线电厂办公楼

北京有线电厂，代号国营第738厂，是"一五"时期由苏联援建的156项国家重点工程之一。1957年9月建成投产，是我国第一家研制生产自动电话交换机和电子计算机的大型骨干企业。

1953年我国开始了有计划的大规模建设，1955年5月，为促进社会主义经济的全面发展，恢复、发展经济，适应国防现代化建设的需要，建立健全的工业体系，苏联帮助我国建造一座年产10万台自动电话交换机的工厂。同年8月正式签订建厂合同，由列宁格勒的红霞工厂负责援建。1954年2月开始征地，1955年5月破土动工，1957年竣工。北京市有线电厂于1957年9月成立。

1958~1961年扩建期间，紧靠旧厂房补建了一座4层新厂房。建成了计算机车间、压塑车间、变电所、汽车库、厂区道路和集体宿舍大楼等。厂区整体建设格局基本形成。

20世纪60年代末到70年代，用原有厂房改造了一个机房，重建了表面处理车间。

1987年11月完成厂房改造6340平方米。

1988年，中、德双方签订合资合同和技术转让合同，合资企业建在738厂院内，于1992年12月全部竣工。

1997年9月，在兼并北京电镀总厂及北京市无线电三厂的基础上，组建了兆维电子集团有限责任公司。

本次列为历史建筑的包括工业建筑1栋：原北京有线电厂办公楼。本次历史建筑的确定，重点关注了我国"一五"时期工业发展的工业建筑，其有着鲜明的现代工业厂区建筑特征，是我国有线电工业发展的实物见证，有一定的历史价值，同时它记录了我国早期工业建筑的发展，有一定的艺术价值。

历史建筑清单

历史建筑名称	历史建筑编号
原北京有线电厂办公楼	BJ_CY_JXQ_0003

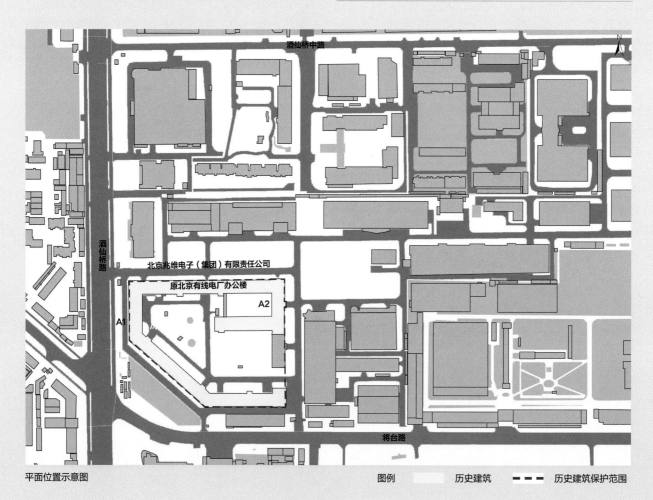

平面位置示意图

图例　　　历史建筑　　- - - 历史建筑保护范围

01 原北京有线电厂办公楼

BJ_CY_JXQ_0003

建筑类别	工业遗产
年　代	1949～1979年
建筑层数	3层
建筑结构	砖混结构
公布批次	第一批

建筑概况

原北京有线电厂办公楼，后改名为兆维华灯大厦，现为北京兆维电子（集团）有限责任公司办公楼，位于兆维工业园区西南角A区，西侧为酒仙桥路。

建筑平面为五边形围合体建筑，苏联式工业建筑风格，砖混结构，外墙青砖砌筑。建筑由A1和A2楼组合而成。A1楼平面呈"C"形，高3层，立面凸出壁柱，平屋顶，窗间墙为浅灰色，现代平窗，檐下仿椽。A2楼平面呈"U"形，高4层，凹口面西，南北楼间有3层连廊，平屋顶，青灰色窗间墙。A1与A2楼衔接处下设门洞。穿过门洞进入建筑围合院落院内植雪松，有六角攒尖顶凉亭1座，额枋上绘有红五角星。

该建筑是研究我国有线电工业活动的实物见证，具有一定的历史价值。同时该建筑是典型的苏联式现代工业建筑风格，较为完整地反映了为工业活动而建造的建筑结构特征、工艺及特色，具有一定的科学和艺术价值。

原北京有线电厂办公楼全景

正立面

檐部装饰（一）

檐部装饰（二）

窗户细部

檐口及屋顶红星瞭望台

原北京生物制品研究所历史建筑群

原北京生物制品研究所，现在是北京天坛生物制品股份有限公司，位于朝阳区三间房南里4号。该所成立于1919年北洋政府时期，时为中央防疫处，地点在北京天坛神乐署故址，是我国最早的疫苗与血液制品研发与生产基地，是生物制品研究、推广的使用中心，我国第一支青霉素亦起源于此。北京天坛生物制品股份有限公司的历史，浓缩并再现了中国生物制品的发展史，是我国生物制品的发源地。

1946年抗战胜利后，中央防疫处迁回北平天坛；1950年更名为中央人民政府卫生部生物制品研究所（北京所）。

1959年，北京生物制品研究所迁至北京朝阳区三间房南里4号院。

1980年，更名为卫生部北京生物制品研究所。

1998年6月，由北京生物制品研究所独家发起成立北京天坛生物制品股份有限公司，公司主要从事疫苗、血液制剂、诊断用品等生物制品的研发、生产和销售。

2000年，名称变更为北京生物制品研究所，隶属于国资委属下的中国生物技术集团公司（中生集团）。

2012年，北京天坛生物制品股份有限公司迁至亦庄，三间房厂区改为2049文创园双桥园区。

北京天坛生物制品股份有限公司始建于20世纪50年代，园区内标志性建筑至今保存完整，该历史建筑群是我国第一个生物制品工厂，见证了我国生物制品的发展史。该建筑群内的办公楼、行政楼建筑以及大礼堂、门楼、实动办公室建筑外观朴实庄重，细节设计精巧，用现代建筑材料和结构形式仿中国传统木构建筑样式，局部饰以简化的中国传统建筑纹样，体现了新中国成立后对融合民族风格的现代建筑设计的探索，时代特征明显，具有一定的历史、艺术和科学价值。

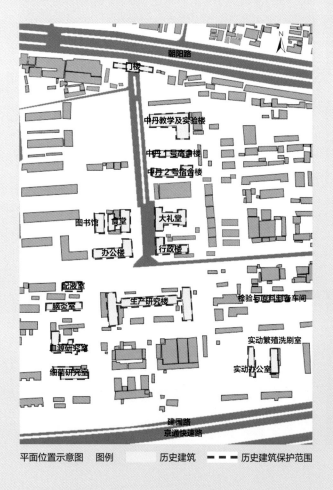

平面位置示意图　图例　▢历史建筑　---- 历史建筑保护范围

历史建筑清单

历史建筑名称	历史建筑编号
原北京生物制品研究所办公楼	BJ_CY_SJF_0001_01
原北京生物制品研究所大礼堂	BJ_CY_SJF_0001_02
原北京生物制品研究所行政楼	BJ_CY_SJF_0001_03
原北京生物制品研究所门楼	BJ_CY_SJF_0001_04
原北京生物制品研究所脑炎室	BJ_CY_SJF_0001_05
原北京生物制品研究所配液室	BJ_CY_SJF_0001_06
原北京生物制品研究所生产研究楼	BJ_CY_SJF_0001_07
原北京生物制品研究所实动办公室	BJ_CY_SJF_0001_08
原北京生物制品研究所实动繁殖洗刷室	BJ_CY_SJF_0001_09
原北京生物制品研究所食堂	BJ_CY_SJF_0001_10
原北京生物制品研究所图书馆	BJ_CY_SJF_0001_11
原北京生物制品研究所细菌研究室	BJ_CY_SJF_0001_12
原北京生物制品研究所检验与原料制备车间	BJ_CY_SJF_0001_13
原北京生物制品研究所血源研究室	BJ_CY_SJF_0001_14
原北京生物制品研究所中丹1号宿舍楼	BJ_CY_SJF_0001_15
原北京生物制品研究所中丹2号宿舍楼	BJ_CY_SJF_0001_16
原北京生物制品研究所中丹教学及实验楼	BJ_CY_SJF_0001_17

01 原北京生物制品研究所办公楼

BJ_CY_SJF_0001_01

建筑类别	工业遗产
年　代	1949～1979年
建筑层数	3层
建筑结构	砖混结构
公布批次	第二批

建筑概况

原北京生物制品研究所办公楼位于园区中心位置，与行政楼呈左右对称分布。建于20世纪50年代，原为办公楼，现仍作为办公用房使用。

办公楼平面呈"L"形布局，砖混结构，主体高3层，南北向建筑为2层，苏联式建筑风格。建筑采用人字坡屋顶，屋顶上铺红色机瓦，下安装挂檐板。立面为清水灰砖，墙体采用英式砌法（丁砖和顺砖交错排列），外有防震加固圈。窗为绛红色木制现代平开窗，窗台凸出于墙面。入口处设门廊，其上有云纹雕饰。大门为枣红色木制平开门，窗棂有中式经典纹样装饰。门廊上方为二楼阳台。阳台栏板有传统纹样浮雕。入口上部屋顶出山花面，开有透气窗。建筑室内为水泥地面，淡黄漆木门，深褐色踢脚。楼梯扶手为实体砌筑，台阶上有防滑钢条。

原北京生物制品研究所办公楼全景

东立面

立面装饰

阳台装饰

02 原北京生物制品研究所大礼堂

BJ_CY_SJF_0001_02

建筑类别	工业遗产
年　代	1949～1979年
建筑层数	1层
建筑结构	砖混结构
公布批次	第二批

建筑概况

原北京生物制品研究所大礼堂位于园区中心位置、食堂东部。建于20世纪50年代，原为大礼堂，现为1919小剧场。

大礼堂平面呈"工"字形布局，东西走向，入口位于西侧，中部为礼堂，人字坡顶，砖混结构；南北两侧有单层平顶的办公管理用房相连。立面清水砖墙，仿中式悬山样式，山花面有木制漆红博风板，混凝土脊。西侧的入口大门为弹簧合页木门，中式三交六椀菱花心屉，较为精美。二层开三孔拱券门洞，中间大、两侧小，水刷石饰面门套，有雕花。西侧入口砖墙外有一混凝土水刷石饰面的前廊，并作为二层露台。前廊由方柱支撑，混凝土梁外面仿额枋，上有如意雕花，梁下饰混凝土雀替，二层为混凝土水刷石饰面并设中式栏杆。两侧的管理用房凸出于入口，形成引导空间。下部为水刷石仿中式须弥座台阶，墙面中间有海棠方窗，布瓦墙帽，檐下石椽，仿冰盘檐。

原北京生物制品研究所大礼堂全景

西立面

入口装饰

檐口及窗户装饰

木门窗装饰

檐部装饰

03 原北京生物制品研究所行政楼

BJ_CY_SJF_0001_03

建筑概况

原北京生物制品研究所行政楼位于园区中心位置、食堂南部，该建筑与原北京生物制品研究所办公楼沿轴线对称布置，建于20世纪50年代，经改造后，现作为办公用房使用。

行政楼平面呈"L"形布局，砖混结构，东西向主体建筑高3层，南北向建筑高2层，苏联式建筑风格。行政楼与西侧办公楼平面布局、造型基本一致。

建筑类别	工业遗产
年　代	1949～1979年
建筑层数	3层
建筑结构	砖混结构
公布批次	第二批

原北京生物制品研究所行政楼全景

北立面

入口大门

檐部装饰

04 原北京生物制品研究所门楼

BJ_CY_SJF_0001_04

建筑类别	工业遗产
年 代	1949～1979年
建筑层数	1层
建筑结构	砖混结构
公布批次	第二批

建筑概况

原北京生物制品研究所门楼位于园区北部，原为北京生物制品研究所大门。门楼建于20世纪50年代，建筑功能沿用至今，门柱上挂有北京生物制品研究所和北京天坛生物制品股份有限公司牌匾。

门楼平面呈"一"字形布局，建筑东西走向，入口面北，仿中式悬山建筑，砖混结构，山墙面上可见混凝土脊。立面清水砖墙，入口以混凝土方柱分隔出3个门洞，混凝土梁上有仿额枋——如意雕花额枋，梁下饰混凝土雀替。入口3个门洞的南侧为3扇红漆铁门，部分镂空，有中式窗棂传统纹样，大门整体庄重大气。入口两侧是门卫房，下部为水刷石面的仿中式须弥座墙裙，中间为清水灰砖墙面，上有海棠方窗、葵式套方的混凝土窗棂。门卫房为褐色木门窗，门上有装饰图案。

原北京生物制品研究所门楼全景

北立面

额枋装饰

立面窗

05 原北京生物制品研究所实动办公室

BJ_CY_SJF_0001_08

建筑类别	工业遗产
年　代	1949~1979年
建筑层数	1层
建筑结构	砖混结构
公布批次	第二批

建筑概况

原北京生物制品研究所实动办公室位于园区东南位置，建于20世纪50年代，现为2049文创园E区E23栋。建筑原为实动办公室，现作为办公用房使用。

实动办公室建筑平面呈"一"字形布局，南北走向，砖混结构，高1层。建筑为人字坡屋顶，屋顶为红色机瓦，外立面清水墙面，灰色涂料，开有整齐的简洁方窗，下部为水泥抹灰墙裙，山墙顶部及檐口处为水泥抹面。入口位于西侧中部，前出悬山式十字顶，入口有混凝土漆红柱，水刷石仿额枋，梁下饰混凝土雀替，入口设垂带台阶。入口大门为平开木门，中式三交六椀菱花心屉，较为精美。山墙面悬山顶可见简化悬鱼，漆红博风板。

原北京生物制品研究所实动办公室全景

北立面

入口装饰

窗户装饰

国家奥林匹克体育中心历史建筑群

国家奥林匹克体育中心为1990年举办第十一届亚洲运动会而兴建。主要设计师为马国馨、刘振秀等。是国内第一个设置了车行和步行两套交通系统，实现了人车分流、全场无障碍通行的大型体育公园。

国家奥林匹克体育中心位于北京市北四环中路南侧，与奥林匹克公园、北京冬奥村隔路相望，占地66公顷，主要设施有体育场、体育馆、英东游泳馆、综合训练馆等，建筑新颖、独特，是集竞赛训练、全民健身、休闲娱乐为一体的体育基地、体育公园。

国家奥林匹克体育中心历史建筑群是现代主义风格的大型综合性体育设施建筑群。它作为中国体育发展的对外窗口，先后承办了第十一届亚洲运动会、第七届全国运动会和第二十一届世界大学生运动会等一系列重大体育赛事和其他重要大型活动，从成立伊始就一步步见证着中国体育事业的发展。

建筑群总面积约12万平方米，由体育场、综合体育馆、游泳馆、综合训练馆等形成了具有特色的组合，综合体育馆、游泳馆、综合训练馆呈半包围状，围绕着圆形的体育场和邻近的人工湖，人工园林景观与建筑群巧妙结合，形成一个层次起伏、生动活泼的开阔空间。在总体布局和单体处理上，都注意吸收中国传统文化和建筑艺术的精华。在使用现代技术和新材料的同时，体现出现代与传统的结合。

该建筑群见证了我国首次承办大型国际化体育赛事的历程，具有一定的历史价值；该建筑群内的国家奥林匹克体育中心16号楼、17号楼建筑的斜拉网壳屋盖结构是我国建筑科学技术进步的时代象征，具有一定的科学价值；该建筑群将现代的建筑材料、建筑技术和建筑造型艺术恰当地融为一体，具有一定的艺术价值，并且从经济效益、满足公众活动需求等方面也充分体现了其社会价值。

历史建筑清单

历史建筑名称	历史建筑编号
国家奥林匹克体育中心 15 号楼	BJ_CY_YYC_0001_01
国家奥林匹克体育中心 16 号楼	BJ_CY_YYC_0001_02
国家奥林匹克体育中心 17 号楼	BJ_CY_YYC_0001_03
国家奥林匹克体育中心体育场	BJ_CY_YYC_0001_04

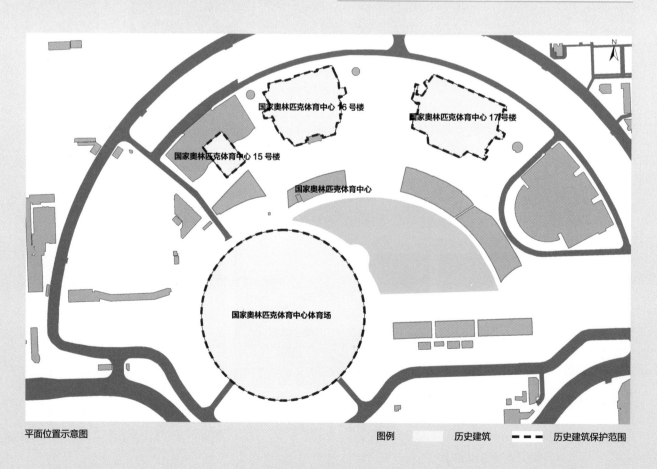

平面位置示意图

图例 　历史建筑 　- - - 历史建筑保护范围

01 国家奥林匹克体育中心15号楼

BJ_CY_YYC_0001_01

建筑类别	近现代公共建筑
年 代	1980年以后
建筑层数	3层
建筑结构	钢混结构
公布批次	第二批

建筑概况

国家奥林匹克体育中心15号楼是第十一届亚洲运动会的球类练习馆。

15号楼位于体育中心西北，1989年建成时场馆总面积约5500平方米，建筑平面为矩形。建筑顶部为大面积的单坡曲面深灰色金属大屋顶，吸收了中国传统建筑大屋顶的元素，屋顶下露明的网架节点，隐喻传统建筑中的斗栱形象。建筑立面喷涂浅黄灰色墙面，墙面顶部、檐下位置设置有一圈高窗。亚运会结束后，2001～2007年对场馆进行了扩建，在现有场馆后侧增建"凹"字形场馆，建筑面积扩至23000平方米，包括击剑比赛和实战专用馆、击剑专项技术和身体素质训练综合馆、成人击剑馆等四大场馆。

国家奥林匹克体育中心15号楼全景

东立面

屋顶网架节点

外部装饰

02 国家奥林匹克体育中心16号楼

BJ_CY_YYC_0001_02

建筑类别	近现代公共建筑
年代	1980年以后
建筑层数	3层
建筑结构	钢筋混凝土结构
公布批次	第二批

建筑概况

国家奥林匹克体育中心16号楼是第十一届亚洲运动会的手球比赛馆，还可以进行篮球、排球、羽毛球、网球、乒乓球、体操等多项室内比赛。

国家奥林匹克体育中心16号楼与17号楼外观相似，局部细节有所差异，两栋建筑相邻，对称分布在国家奥林匹克体育中心北侧主入口的两侧。国家奥林匹克体育中心16号楼平面为轴对称图形，地上3层，建筑采用钢筋混凝土结构，两端是高耸的混凝土塔筒，中间屋盖采用当时国内首创的斜拉索结构，屋面为大面积的双坡凹曲面银灰色金属大屋顶，中间有类似庑殿屋顶的凸起，使屋顶的整体造型既富有变化又独具特色。建筑下部立面使用浅黄灰色的喷涂墙面和深色门窗框，与蓝灰色反射玻璃形成大面积的虚实对比，两侧山墙则采用圆形窗和人字形檐口窗。

国家奥林匹克体育中心16号楼全景

正立面

屋顶及楼梯

斜拉索

屋顶

03 国家奥林匹克体育中心 17号楼

BJ_CY_YYC_0001_03

建筑概况

国家奥林匹克体育中心17号楼又名英东游泳馆，是香港企业家霍英东先生捐资兴建的，是当时亚洲最大的游泳馆。

游泳馆建筑平面为轴对称图形，地上3层、地下1层。建筑采用钢筋混凝土结构，与国家奥林匹克体育中心16号楼相似，两端高耸着混凝土塔筒，中间屋盖采用当时国内首创的斜拉索结构，屋面为大面积的双坡凹曲面银灰色金属大屋顶，屋盖坡面采用球节点人字形钢网架组合。建筑首层为比赛池、跳水池和热身池、准备池，以及运动员、裁判员、工作人员用房。二层设贵宾室、实况转播室和观众休息用房。观众厅平面呈八角形，宽70米、长99米。厅内钢网架结构明露，看台为两侧分布，南台一坡到顶，北台分上台和下台。

建筑类别	近现代公共建筑
年　代	1980年以后
建筑层数	3层
建筑结构	钢筋混凝土结构
公布批次	第二批

国家奥林匹克体育中心17号楼全景

西立面

屋顶及斜拉索

外部装饰

04 国家奥林匹克体育中心体育场

BJ_CY_YYC_0001_04

建筑类别	近现代公共建筑
年代	1980年以后
建筑层数	1层
建筑结构	钢筋混凝土结构
公布批次	第二批

▎建筑概况

国家奥林匹克体育中心体育场是第十一届亚洲运动会的田径比赛场。

体育场位于中心位置，是我国国内第一座高架平台环绕的体育场，占地约4万平方米，高架平台2万平方米，田径场及高架平台为现浇框架结构。竞赛场地为400米标准塑胶跑道，中间设标准草皮足球场。东、西看台各容纳1万人，全部为玻璃钢彩色座椅。西看台设主席台、实况转播室等设施，上方悬挑出宽20米、长100米的钢结构玻璃钢罩棚。看台下两层用房，上层设有贵宾室、敞开式观众休息廊和通道；下层是内部用房和运动员、工作人员的出入口。看台向外是可人车分流通行的立体环形高架平台（桥）。

国家奥林匹克体育中心体育场全景（一）

西立面

钢结构及檐部装饰

立面细部

国家奥林匹克体育中心体育场全景（二）

国家奥林匹克体育中心16号楼全景

中国国际展览中心 2 ~ 5 号馆

改革开放后我国会展业快速发展，但商业展览刚刚起步，为将我国改革开放以来的各项成就展示给世界各国并促进对外贸易，中国国际贸易促进委员会拟建一座国际性的综合展览馆，用以承办国内外大型工业与民用展览。为迎接1985年11月在北京召开的亚太地区国际贸易展览会，中国国际展览中心第一期工程开始兴建。

中国国际展览中心于1983年由北京市建筑设计研究院开始设计。1984年1月由中建一局五公司开始施工，1985年6月竣工。中国国际展览中心2~5号馆为现代主义风格的文化观览类建筑。

本次将2~5号馆作为文化观览类建筑列入历史建筑，重点关注了我国改革开放进程，反映我国促进对外贸易、扩大对外交流这一历史背景。这栋公共建筑是较早引进西方现代建筑设计手法、具有全国影响力的建筑，被人们誉为改革开放以后建筑设计领域的一枝"报春花"。建筑朴素的白色外墙、简单实用的空间构成，使其具有雕塑般光影的造型和起伏跌宕的气势。虚实、对比、重复、穿插、对称空间组合的手法，又让它成为现代建筑的典型作品，被评为北京20世纪80年代十大建筑之一。它延续了北京城市的历史发展脉络，对于北京历史文化名城保护具有实物与史料的双重价值。

历史建筑清单

历史建筑名称	历史建筑编号
中国国际展览中心2~5号馆	BJ_CY_XHY_0001

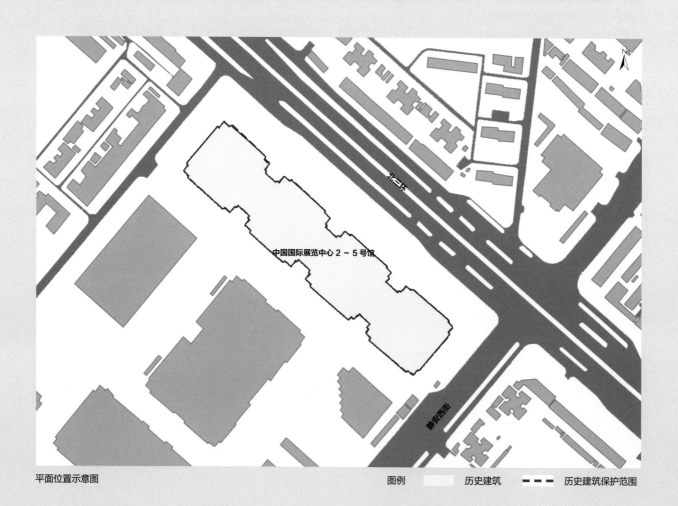

平面位置示意图

图例 ▢ 历史建筑 - - - 历史建筑保护范围

01 中国国际展览中心2~5号馆

BJ_CY_XHY_0001

建筑类别	近现代公共建筑
年　代	1980年以后
建筑层数	2层
建筑结构	钢筋混凝土结构
公布批次	第二批

中国国际展览中心2~5号馆全景

北立面

窗户

建筑概况

中国国际展览中心位于朝阳区北三环东路6号，主要设计师为柴裴义等人，是由国务院审批建造的最早的国家级展馆。

中国国际展览中心2~5号馆楼体呈东北至西南向，沿东三环路一字展开，由4个正方形展厅及3个入口大厅连接组合成的矩形布局，每两馆间有13米的间隙，建筑主体1层、局部2层。建筑整体尺度巨大且体形扁长，总长29.1米，檐高16.5米。展厅平面为正方形，63米×63米，框架柱开间9米，为现浇钢筋混凝土框架结构。屋顶为四角锥空间网架结构，净跨58.5米×58.5米。网架下弦距地10米，以保证大型设备吊装及展览需要。地面承载力为5吨，为现浇钢筋混凝土地面。外墙为混凝土板，丙烯酸白色涂料。在1993年以前是国内规模最大的现代化展览馆。

中国国际展览中心2~5号馆的建设拉开了改革开放后我国现代展览业蓬勃发展的序幕，对国内外经济技术交流、贸易往来等都发挥了积极的推动作用；该建筑在北京市的城市建设中有着重要的地位，也是市民心中的城市标志性建筑，具有一定的历史价值。建筑体现了当时国际上比较流行的现代主义建筑功能性特点，在建筑材料、建造技术上均体现了时代的建筑科技水平，具有一定的科学价值。建筑整体雕塑感强，设计采用了虚实对比、体块穿插、灰空间、光影等空间组合表现手法，具有一定的艺术价值。

入口

门窗细部

参考文献

[1] 翟睿. 新中国建筑艺术史: 1949-1989[M]. 北京: 文化艺术出版社, 2015.

[2] 张复合. 北京近代建筑史[M]. 北京: 清华大学出版社, 2004.

[3] 张跃松. 房地产开发与案例分析[M]. 北京: 清华大学出版社, 2014.

[4] 马国馨. 建筑中国六十年: 作品卷[M]. 天津: 天津大学出版社, 2009.

[5] 九星, 润宇. 友谊宾馆怀旧故事[J]. 国际人才交流, 2014, 000 (9): 17-19.

[6] 杨永生. 中外名建筑鉴赏[M]. 上海: 同济大学出版社, 1997.

[7] 龙渊. "亚洲最大花园式宾馆"——北京友谊宾馆[J]. 饭店现代化, 2004 (4): 71-71.

[8] 姚雅欣, 黄兵. 识庐: 清华园最后的近代住宅与名人故居[M]. 北京: 中国建筑工业出版社, 2009.

[9] 田建春. 北京市海淀区地名志[M]. 北京: 北京出版社, 1992.

[10] 北京市海淀区志编委会. 北京市海淀区志[M]. 北京: 北京出版社, 2004.

[11] 张复合, 刘亦师. 中国近代建筑研究与保护[M]. 北京: 清华大学出版社, 1999.

[12] 方惠坚, 张思敬. 清华大学志[M]. 北京: 清华大学出版社, 2001.

[13] 顾嘉福, 陈志坚. 傲然风骨: 大学里的老建筑 the old campus buildings[M]. 上海: 中西书局, 2013.

[14] 佚名. 清华往事[M]. 北京: 清华大学出版社, 2005.

[15] 朱文一, 陈瑾羲, 滕静茹. 清华大学[M]. 北京: 清华大学出版社, 2011.

[16] 邓卫. 清华史苑 (百年校庆) [M]. 北京: 清华大学出版社, 2011.

[17] 孙华, 陈威. 北京大学校园形态历史演进研究[J]. 教育学术月刊, 2012 (3): 37-43.

[18] 吕林. 世界学府北京大学[M]. 长沙: 湖南教育出版社, 1989.

[19] 肖东发, 陈光中. 北大燕南园的大师们[M]. 桂林: 广西师范大学出版社, 2011.

[20] 肖东发, 陈光中. 风范: 北大名人寓所及轶事[M]. 北京: 北京图书馆出版社, 2004.

[21] 北京市政协文史资料委员会. 名人与老房子[M]. 北京: 北京出版社, 2004.

[22] 成志芬, 张宝秀. 北京市海淀区名人故居保护与利用的现状分析及对策研究[J]. 沿海企业与科技, 2008 (4).

[23] 邓云乡. 文化古城旧事[M]. 北京: 中华书局, 1995.

[24] 张文彦, 潘达. 燕南园的先生们[J]. 地图, 2007 (1): 70-79.

[25] 邸超, 孙彦. 燕南园51号庭院绿化设计与施工[J]. 黑龙江农业科学, 2008 (4): 89-91.

[26] 陈平原. 筒子楼的故事[M]. 北京: 北京大学出版社, 2010.

[27] 李楠. 中关村科技史迹群保护利用研究的思路与方法——以科源社区为例[C]//中国城市规划学会. 持续发展理性规划——2017中国城市规划年会论文集. 北京: 中国建筑工业出版社, 2017.

[28] 胡亚东. 中关村科学城的兴起1953~1966[M]. 长沙: 湖南教育出版社, 2009.

[29] 飘雪. 中科院特楼——曾经的科学界大师居住地[J]. 北京纪事, 2016 (12): 96-99.

[30] 边东子. "特楼" 纪事[J]. 科学文化评论, 9 (3): 24.

[31] 边东子. 风干的记忆: 中关村 "特楼" 内的故事[M]. 上海: 上海教育出版社, 2008.

[32] 孟兰英, 李佩: 中科院最美的玫瑰[J]. 党课, 2016.

[33] 佚名. 北京航空学院[M]. 北京: 知识出版社, 1983.

[34] 西苑饭店五十年编委会. 西苑饭店五十年1954~2004 (内部资料) [Z]. 2004.

[35] 王宝志. 北京光华染织厂向更高、更新、更辉煌的目标前进[J]. 北京纺织, 2001 (6): 11-12.

[36] 秦悦. 老牌国企的 "光华" [J]. 纺织科学研究, 2014 (1): 78-80.

[37] 王琪. 直上青云——记改革中的北京青云航空仪表公司[J]. 神州学人, (2): 12-14.

[38] 勒川. 中关村768创意产业园: 构建 "和谐共享双生态" [J]. 中关村, 2016 (12): 60-61.

[39] 吴炜. 768: 独树一帜的创意产业集聚区[J]. 中关村, 2011 (11): 39-42.

[40] 朱文一, 刘伯英. 中国工业建筑遗产调查、研究与保护: 2011年中国第二届工业建筑遗产学术研讨会论文集[M]. 北京: 清华大学出版社, 2012.

[41] 邓清兰. 北京名校录[M]. 北京: 北京教育出版社, 1992.

[42] 柴裴义, 力方. 中国国际展览中心[J]. 建筑知识, 1986 (1).

[43] 佚名. 中国国际展览中心[J]. 建筑创作, 2001 (S1): 6.

[44] 北京市规划委员会. 北京十大建筑设计[M]. 天津: 天津大学出版社, 2002.

[45] 北京市建筑设计志编纂委员会. 北京建筑志设计资料汇编 (上册) (下册) [G].

[46] 北京林业大学校史部. 北京林业大学校史1952~2002[M]. 北京: 中国林业出版社, 2002.

海淀区

北京友谊宾馆历史建筑群
清华大学历史建筑群
清华大学近现代教学楼历史建筑群
成志学校
清华大学西院历史建筑群
清华大学照澜院历史建筑群
清华大学胜因院历史建筑群
清华大学新林院历史建筑群
北京大学历史建筑群
燕园公共建筑历史建筑群
燕东园历史建筑群
燕南园历史建筑群
北京大学近现代教学楼历史建筑群
北京大学南门宿舍楼历史建筑群

中关村特楼历史建筑群
中国政法大学近现代历史建筑群
北京航空航天大学近现代历史建筑群
原苏联展览馆招待所历史建筑群
原北京丝绸厂历史建筑群
原北京青云仪器厂历史建筑群
原北京大华无线电仪器厂历史建筑群
北京六一幼儿院历史建筑群
国家图书馆总馆南区（原北京图书馆新馆）
北京林业大学近现代历史建筑群
中国农业大学近现代历史建筑群
温泉路 118 号院内传统建筑
原中法大学所属第二农林试验场酒窖
后营村 3 号院

北京友谊宾馆历史建筑群

北京友谊宾馆位于海淀区中关村南大街1号，1954年建成，由我国建筑大师张镈设计，最初设计为接待苏联专家的招待所，后逐步成为招待外国专家学者及外宾居住和会议的场所，由宾馆和居住区组成，现为大型涉外旅游饭店。

北京友谊宾馆伴随共和国共同成长，见证了新中国的发展。宾馆是由一组极具中华民族特色的建筑群构成的园林式酒店，位于中关村高科技园区核心地带，毗邻清华大学、北京大学等高等学府，与举世闻名的颐和园遥相辉映。友谊宾馆占地面积22万余平方米，建筑面积29万余平方米，绿地面积多达6万余平方米，建筑群古朴典雅，整体环境优美、景色宜人。整个建筑群以贵宾楼和友谊宫为中轴，两旁呈对称、扇形分布有4栋"工"字形大楼，分别为敬宾楼、迎宾楼、怡宾楼和悦宾楼。这些中心区域的建筑均为绿色琉璃屋顶，飞檐流脊，雕梁画栋，民族色彩浓郁。外围有4个相对独立的公寓式小区，共51个单元，根据各自建筑和园林景观的风格，分别被冠名为"苏园""乡园""雅园"和"颐园"。4个公寓式小区内的园林风格各具特色：苏园为苏州园林的北京再造，乡园是中国北方农家院落的缩影，雅园是以突出宾馆历史进程修建的现代园林，颐园则是仿造颐和园的风格及特点。

北京友谊宾馆的兴建正处于我国发展国民经济的"一五"时期，也是新中国成立后建筑界对民族形式的探索时期。在这一时期，以宫殿式大屋顶为特征的倾向占了主流，建筑师们以不同的途径创造出一批具有民族特色和地方特色的建筑，友谊宾馆可以作为这一时期的代表作品。国外权威的建筑史册称："北京友谊宾馆是公认的中国20世纪50年代最早的新民族风格的成功尝试。"

北京友谊宾馆在喧闹的都市中建园造景，除了塑造出风景供人欣赏之外，还创造出了舒适的生活环境，达到了两方的和谐统一，实现了中国特色建筑与造园艺术的完美结合。整个庭院繁花碧树，满植冬青绿草，院内树木和花卉的品种近百种，有5300多株乔木，珍稀树种4种，古树21株。

该建筑群内的乡园公寓、苏园公寓、苏园写字楼、雅园公寓建筑作为友谊宾馆的重要建筑类型，采用简洁的建筑形式和装饰。北京科学会堂的建筑造型中西结合；友谊宫整体给人以结实、稳重、大方、雄壮的感觉，建筑造型独特，建筑装饰极富时代特色。它们为北京近代宾馆建筑、会议办公建筑提供了难得的实物资料，具有一定的历史、艺术和科学价值。

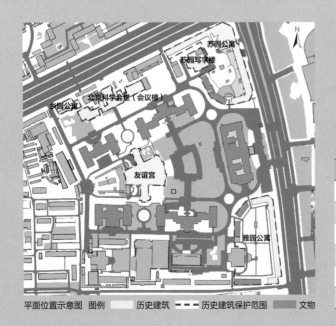

平面位置示意图　图例　□ 历史建筑　▪▪▪ 历史建筑保护范围　■ 文物

历史建筑清单

历史建筑名称	历史建筑编号
北京友谊宾馆乡园公寓	BJ_HD_ZZY_0001_01
北京科学会堂（会议楼）	BJ_HD_ZZY_0001_02
北京友谊宾馆苏园公寓	BJ_HD_ZZY_0001_03
北京友谊宾馆苏园写字楼	BJ_HD_ZZY_0001_04
北京友谊宾馆友谊宫	BJ_HD_ZZY_0001_05
北京友谊宾馆雅园公寓	BJ_HD_ZZY_0001_06

01 北京友谊宾馆乡园公寓

BJ_HD_ZZY_0001_01

建筑类别	近现代公共建筑
年　代	1949～1979年
建筑层数	4层
建筑结构	钢筋混凝土结构
公布批次	第一批

建筑概况

"乡园"是北京友谊宾馆4个公寓小区之一，位于友谊宾馆西北角。乡园公寓位于乡园的北端，建筑南面正对假山、水池、植物绿化形成的景观区。乡园公寓建于1954年，是新民族建筑形式的探索。

乡园公寓建筑平面呈"L"形，钢筋混凝土梁、砖墙、木屋架，地上4层，南侧有四合院正房建筑1栋以及长廊。建筑外墙立面为三段式，下段一层为米黄色石材贴面，中段为砖墙（后外刷灰色涂料），上段为后刷粉色窗间墙，有花卉纹样的白色石膏板装饰，立面三部分之间有两条装饰腰线。四坡屋顶，上铺灰色机瓦，每个单元的楼梯间屋顶均有一个带人字坡顶的方形老虎窗和两个烟囱。南北每户均有凸出的白色铁艺阳台。

北京友谊宾馆乡园公寓全景

北立面

墙体装饰

老虎窗

02 北京科学会堂（会议楼）

BJ_HD_ZZY_0001_02

建筑类别	近现代公共建筑
年　代	1949~1979年
建筑层数	3层
建筑结构	砖混结构
公布批次	第一批

建筑概况

北京科学会堂（会议楼）位于北京友谊宾馆北侧区域，1964年1月1日建成开放，被称为"科学家之家"，是专供首都科学家进行学术活动和休闲的园地。现作为中国国际人才市场、中国对外人才开发咨询公司等单位的办公及会议用房使用。

北京科学会堂（会议楼）平面呈"山"字形，中轴对称，南部建筑中间高3层、两翼高2层，四坡顶。中间建筑屋顶下冰盘檐、檐下有支撑装饰；两翼建筑屋顶下多层冰盘檐，二层有外廊，砖砌栏杆。北侧报告厅高2层，人字坡顶。建筑砖混结构，坡屋顶上铺现代石棉瓦，墙面原为蓝机砖清水墙，现外墙刷蓝灰色涂料，间以白色水刷石基座、入口门套和壁柱等。

北京科学会堂全景

北立面

檐部装饰

栏板

03 北京友谊宾馆苏园公寓

BJ_HD_ZZY_0001_03

建筑类别	近现代公共建筑
年　代	1949～1979年
建筑层数	4层
建筑结构	混合结构
公布批次	第一批

建筑概况

"苏园"是北京友谊宾馆4个公寓小区之一，位于友谊宾馆东北角，公寓建筑周边围合，内部形成精巧的庭院。庭院仿照苏州园林，采用山池花木和江南特色的亭台水榭结合，形成"多方景胜，咫尺山林"的效果。苏园公寓建于1954年。

苏园公寓平面呈"U"形，钢筋混凝土梁、砖墙、木屋架，地上4层。建筑外墙立面竖向分为三段，下段一层为米黄色石材贴面，中段为砖墙外刷灰色涂料，上段一层为粉色窗间墙，有花卉纹样的白色石膏板装饰，立面三部分之间有两条装饰腰线。四坡屋顶，上铺灰色机瓦，每个单元的楼梯间屋顶均有一个带人字坡顶的方形老虎窗和两个烟囱。每户均有凸出的白色铁艺阳台，矩形玻璃窗规则排布，显得整齐、大气。

北京友谊宾馆苏园公寓全景

西立面

老虎窗

墙面装饰腰线

04 北京友谊宾馆苏园写字楼

BJ_HD_ZZY_0001_04

建筑类别	近现代公共建筑
年 代	1949～1979年
建筑层数	2层
建筑结构	钢筋混凝土框架结构
公布批次	第一批

建筑概况

"苏园"是北京友谊宾馆4个公寓小区之一，其风格仿苏州的网师园。苏园写字楼位于北京友谊宾馆苏园的西侧，建于1954年。

苏园写字楼平面略呈方形，钢筋混凝土框架结构，砖墙、木屋架，地上2层。建筑外墙立面竖向分为三部分，一层做成白墙、灰瓦状，或米黄色石材贴面；二层为砖墙外刷灰色涂料，开大窗；坡屋顶，檐下粉色、黄色线脚，有花卉纹样的白色石膏装饰。西端外接江南传统建筑样式的门楼，卷棚歇山顶、白墙灰瓦。二层凸出柱廊，高高翘起的翼角、中式的格栅窗、楣子、雀替等，体现出苏州园林建筑的特色。

北京友谊宾馆苏园写字楼全景

西立面

卷棚歇山顶

檐部装饰

05 北京友谊宾馆友谊宫

BJ_HD_ZZY_0001_05

建筑类别	近现代公共建筑
年 代	1949~1979年
建筑层数	2层
建筑结构	钢筋混凝土结构
公布批次	第一批

建筑概况

北京友谊宾馆友谊宫建于1954年，前身是剧院，1983年大火烧毁中部建筑，余东面完好，1990年在保存东面建筑原样的基础上，将烧毁部分重建，建成一个集餐饮、会议、娱乐为一体的多功能场所。

友谊宫位于友谊宾馆的中心，平面近似扇形，中轴对称，围绕中间的大体量餐饮建筑，东侧接门面建筑，南、北各接附属建筑。建筑主体分为基座、墙身、大屋顶三部分，钢筋混凝土结构。主入口面向东侧，门前为汉白玉栏杆的石月台。建筑2层，四周汉白玉的须弥座基础，墙壁以磨砖对缝的青灰砖砌成。四周屋顶檐口处向外伸出，仿古代官式建筑的屋檐及檐下装饰，屋面为绿色琉璃的筒瓦、仰瓦和滴水，檐下椽子、梁枋、斗栱皆有彩画点缀。东侧门面建筑中五扇大门呈拱形，汉白玉门套上雕刻花卉图案；门面建筑两侧伸出角楼建筑，重檐歇山顶上铺绿色琉璃瓦。檐下有彩绘的梁架、斗栱，拱门上方贴有精美的墨绿琉璃砖饰，仿中式额枋、雀替、柱头等。屋顶装饰部分将古代官式建筑中范式的鸱吻和垂脊、戗脊的兽，改为和平鸽，仙人、走兽等传统装饰构件也改为和平鸽，极具时代象征意义。

友谊宫全景

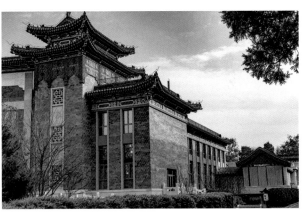

友谊宫南立面

和平鸽脊饰

檐部装饰

06 北京友谊宾馆雅园公寓
BJ_HD_ZZY_0001_06

建筑类别	近现代公共建筑
年 代	1949～1979年
建筑层数	4层
建筑结构	钢筋混凝土框架结构
公布批次	第一批

建筑概况

"雅园"是北京友谊宾馆4个公寓小区之一，位于友谊宾馆东南角，原为居住在宾馆的儿童们修建的游艺乐园。2022年雅园完成园林升级改造。新建成的雅园体现了友谊宾馆近70年来接待重要活动的辉煌历史，营造了宁静舒缓的庭院环境。

雅园公寓平面呈"U"形，钢筋混凝土框架结构、砖墙、木屋架、地上4层。建筑外墙立面竖向分为三部分，下部一层为米黄色石材贴面，中间两层为砖墙外刷灰色涂料，顶部一层为粉色窗间墙，有花卉纹样的白色石膏板装饰，立面三部分之间有两条装饰腰线。最上面为四坡屋顶，上铺灰色机瓦，每个单元的楼梯间屋顶均有一个带人字坡顶的方形老虎窗和两个烟囱。每户均有凸出的白色铁艺阳台，矩形玻璃窗规则排布，显得整齐、大气。

雅园园林实景

墙体装饰

栏杆

檐部装饰

清华大学历史建筑群

康熙四十六年（1707年），清华园的前身熙春园建成，康熙赐予其三子胤祉。道光二年（1822年），熙春园划为东、西两园分赐皇子，西部命名近春园，东部仍名熙春园。咸丰二年（1852年），御赐熙春园名为清华园。1860年八国联军火烧圆明园后，因试图重修圆明园，近春园的房屋被悉数拆毁，沦为废园。光绪二十六年（1900年），清华园被收归内务府，因长期闲置而荒芜。

1909年10月，外务部与学部从内务府接收清华园，改名为游美肄业馆。1909~1911年，园中原有建筑工字厅、古月堂、怡春院被用作行政办公用房和中国教员宿舍，完好保存使用至今。1909年，清华学堂第一阶段的建设开始，除了沿用工字厅、古月堂和怡春院三组传统四合院外，还修建了清华学堂、二院、三院、同方部、校医院等建筑。清华学堂采用德国古典建筑风格，为2层砖木结构楼房。二院为行列式平房，三院为折中式平房。同期，还为美国教师修建了西式别墅群——北院，由美籍奥地利建筑师埃米尔·斐士（Emil Sigmund Fischer）等几位建筑师设计。1911年，随着清华学堂正式开学（1912年更名为"清华学校"），从此清华园作为清华大学的所在地，逐步成为中国重要的高等学府。1914年清华学堂第二阶段的建设开始，美国设计师墨菲（H. K. Murphy）参与了校园的设计，扩建了清华学堂，另外修建了图书馆、科学馆、体育馆和大礼堂，这4座建筑被称为"清华学校之四大建筑"。1917~1919年，在工字厅的西南方向，陆续建成甲所、乙所、丙所3座住宅，作为清华学校高级行政领导的寓所。1922年建旧土木馆（工艺馆），同期建设校医院。1920~1921年，在清华学校大门以南的坡地上建成南院（照澜院）教职员住宅群。随后，1923~1924年又建了西院教职员住宅群。1927年建丁所，用作职工子弟学校——"成志学校"。

1928年，清华学堂正式命名为"国立清华大学"，学校聘请杨廷宝重新规划了校园，并设计建设了一批新的建筑，例如西校门、气象台以及学生宿舍，另外还以大礼堂为中心扩建了体育馆、图书馆等建筑。1931年，受梅贻琦校长委托，沈理源开始介入清华校园的建设，他最有影响力的作品是新古典主义风格的化学馆，仿美国康奈尔大学的化学馆设计而成。他在清华园还设计了机械工程馆、航空馆，学生宿舍善斋、平斋、新斋、明斋、静斋和教师住宅新林院，以及屹立至今的西校门。同期建筑还有气象台、旧水利馆、旧大饭厅等。这些清华大学早期建筑整体保存较好，使校园仍保留近代校园的典雅风格，至今仍为教学和科研服务。1933年，安诺在西院以南设计增建新西院作为教职员住宅；1934年，沈理源在南院以南设计建造了新南院（新林院）教职员住宅。1937年，住宅又增建了新新南院（普吉院）平房区。此后清华大学南迁，校园遭到日军严重破坏。

1946~1947年，日军撤出清华园后，建筑师张镈设计建造了胜因院，作为教职员住宅。由于内战导致经费急剧短缺，此时期并无更多建设。

1949年后，清华大学、北京大学、燕京大学组成三校建委会，此时期建筑包括新航空馆、第一教室楼、西区阶梯教室、强斋、诚斋、立斋、1~17号学生宿舍楼、西大饭厅等。

1954年清华大学开始了新中国成立后的首次校园远景规划，将京张铁路东移800米，设置东、西两个教学区，西区以大礼堂为中心，新规划的东区以新建的主楼为中心，主楼是当时中国大学中规模最大的建筑群。这个时期，西区老校园也出现了新的经典建筑，如由周维权设计的第二教学楼、新水利馆，由汪国瑜和周维权设计的1~4号楼，采用了大屋顶、鸱尾、斗栱、槅花门窗等中国古典建筑元素，恰恰是梁思成主张探索的民族建筑形式。

1956年起，学校为适应国家建设需要，增设了新系，重点发展东区，先后建起了工程物理馆（1957~1958年）、西主楼（1956~1959年）、东主楼（1958~1960年）、中央主楼（1960~1966年）、精密仪器系馆（9003大楼，1959~1965年）。

清华校园建筑设计，注重建筑形象对人的精神影响、营造育人环境、雄伟庄重、简洁典雅、朴素无华。历经熙春园建园三百余年和清华大学建校百余年的历史，校内建筑类型丰富、风格多元。建筑风格包括古典园林建筑、折中主义风格建筑、中式传统建筑，更不乏各类西式建筑以及苏联风格建筑。建筑功能类型包括园林景观、文化教育、别墅住宅以及公共服务建筑等。

历史建筑清单

建筑群名称	历史建筑名称	历史建筑编号	建筑群名称	历史建筑名称	历史建筑编号
清华大学北院16号院		BJ_HD_QHY_0001		照澜院13号	BJ_HD_QHY_0005_13
清华大学近现代教学楼历史建筑群	清华大学新水利馆	BJ_HD_QHY_0002_01		照澜院14号	BJ_HD_QHY_0005_14
	清华大学第二教室楼	BJ_HD_QHY_0002_02	清华大学照澜院历史建筑群	照澜院15号	BJ_HD_QHY_0005_15
	清华大学第一教室楼	BJ_HD_QHY_0002_03		照澜院16号	BJ_HD_QHY_0005_16
	清华大学旧水利馆	BJ_HD_QHY_0002_04		照澜院17号	BJ_HD_QHY_0005_17
	清华大学旧土木馆	BJ_HD_QHY_0002_05		照澜院18号	BJ_HD_QHY_0005_18
成志学校		BJ_HD_QHY_0003		照澜院19号	BJ_HD_QHY_0005_19
清华大学西院历史建筑群	西院11号	BJ_HD_QHY_0004_01		照澜院20号	BJ_HD_QHY_0005_20
	西院12号	BJ_HD_QHY_0004_02	清华大学胜因院历史建筑群	胜因院13号	BJ_HD_QHY_0006_01
	西院13号	BJ_HD_QHY_0004_03		胜因院14号	BJ_HD_QHY_0006_02
	西院14号	BJ_HD_QHY_0004_04		胜因院17号	BJ_HD_QHY_0006_03
	西院15号	BJ_HD_QHY_0004_05		胜因院21号	BJ_HD_QHY_0006_04
	西院16号	BJ_HD_QHY_0004_06		胜因院22号	BJ_HD_QHY_0006_05
	西院17号	BJ_HD_QHY_0004_07		胜因院25号	BJ_HD_QHY_0006_06
	西院21号	BJ_HD_QHY_0004_08		胜因院26号	BJ_HD_QHY_0006_07
	西院22号	BJ_HD_QHY_0004_09		胜因院27号	BJ_HD_QHY_0006_08
	西院23号	BJ_HD_QHY_0004_10		胜因院28号	BJ_HD_QHY_0006_09
	西院24号	BJ_HD_QHY_0004_11		胜因院29号	BJ_HD_QHY_0006_10
	西院26号	BJ_HD_QHY_0004_12		胜因院30号	BJ_HD_QHY_0006_11
	西院27号	BJ_HD_QHY_0004_13		胜因院32号	BJ_HD_QHY_0006_12
	西院31号	BJ_HD_QHY_0004_14		胜因院36号	BJ_HD_QHY_0006_13
	西院32号	BJ_HD_QHY_0004_15		胜因院37号	BJ_HD_QHY_0006_14
	西院33号	BJ_HD_QHY_0004_16	清华大学新林院历史建筑群	新林院1号	BJ_HD_QHY_0007_01
	西院34号	BJ_HD_QHY_0004_17		新林院2号	BJ_HD_QHY_0007_02
	西院35号	BJ_HD_QHY_0004_18		新林院3号	BJ_HD_QHY_0007_03
	西院36号	BJ_HD_QHY_0004_19		新林院4号	BJ_HD_QHY_0007_04
	西院37号	BJ_HD_QHY_0004_20		新林院5号	BJ_HD_QHY_0007_05
	西院41号	BJ_HD_QHY_0004_21		新林院6号	BJ_HD_QHY_0007_06
	西院42号	BJ_HD_QHY_0004_22		新林院7号	BJ_HD_QHY_0007_07
	西院43号	BJ_HD_QHY_0004_23		新林院9号	BJ_HD_QHY_0007_08
	西院44号	BJ_HD_QHY_0004_24		新林院10号	BJ_HD_QHY_0007_09
	西院45号	BJ_HD_QHY_0004_25		新林院11号	BJ_HD_QHY_0007_10
	西院46号	BJ_HD_QHY_0004_26		新林院12号	BJ_HD_QHY_0007_11
	西院47号	BJ_HD_QHY_0004_27		新林院21号	BJ_HD_QHY_0007_12
清华大学照澜院历史建筑群	照澜院1号	BJ_HD_QHY_0005_01		新林院22号	BJ_HD_QHY_0007_13
	照澜院2号	BJ_HD_QHY_0005_02		新林院23号	BJ_HD_QHY_0007_14
	照澜院3号	BJ_HD_QHY_0005_03		新林院31号	BJ_HD_QHY_0007_15
	照澜院4号	BJ_HD_QHY_0005_04		新林院32号	BJ_HD_QHY_0007_16
	照澜院5号	BJ_HD_QHY_0005_05		新林院41号	BJ_HD_QHY_0007_17
	照澜院6号	BJ_HD_QHY_0005_06		新林院42号	BJ_HD_QHY_0007_18
	照澜院7号	BJ_HD_QHY_0005_07		新林院43号	BJ_HD_QHY_0007_19
	照澜院8号	BJ_HD_QHY_0005_08		新林院51号	BJ_HD_QHY_0007_20
	照澜院9号	BJ_HD_QHY_0005_09		新林院52号	BJ_HD_QHY_0007_21
	照澜院10号	BJ_HD_QHY_0005_10		新林院53号	BJ_HD_QHY_0007_22
	照澜院11号	BJ_HD_QHY_0005_11		新林院61号	BJ_HD_QHY_0007_23
	照澜院12号	BJ_HD_QHY_0005_12			

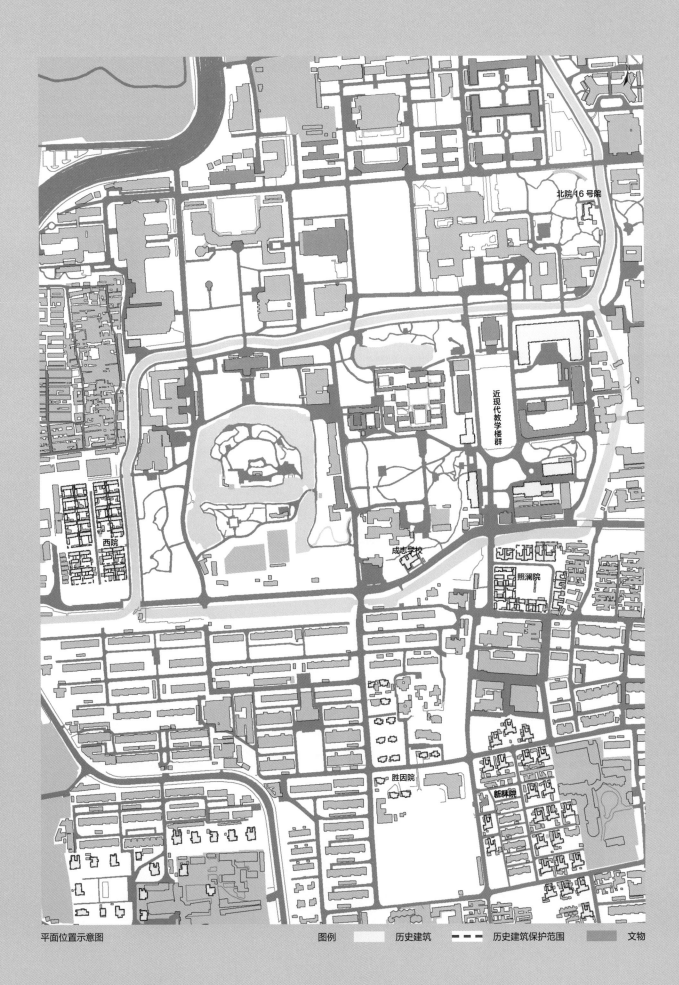

平面位置示意图　　　　　　　　　　　　　　　　图例　　　　历史建筑　　— — —　历史建筑保护范围　　文物

北院 16 号院

近现代教学楼群

成志学校

西院

照澜院

胜因院

新林院

01 清华大学北院16号院

BJ_HD_QHY_0001

建筑类别	近现代公共建筑
年　代	1911~1949年
建筑层数	1层
建筑结构	砖木结构
公布批次	第一批

建筑概况

北院住宅区，位于清华图书馆北，1911年竣工，由墨菲等美国建筑师设计。最初建有8栋住宅与1座会所供美籍教师居住，目前仅余1栋老建筑，即北院16号，位于北院东南角，校河西侧，据记载曾是朱自清20世纪40年代的居所，现在由清华大学物业管理中心使用。

北院16号平面呈"凹"字形布局，凹口向东，端部突出的房屋平面进行了切角处理。砖木结构，地上1层。主入口面向东侧校内河道，三角形木桁架，青砖墙体外刷灰色涂料，悬山屋顶，铺石棉瓦。屋顶出檐，方形木椽外露于檐下，檐口饰卷草纹样装饰。山墙三角形山花上装饰玫瑰、向日葵等花卉纹样及菱形组合纹样。现代门窗外加铁栏杆。

该建筑是清华大学学者、教授的居所，是20世纪初期美国建筑师在北京的作品，体现了中西融合的风格，为北京近代住宅建筑史提供了实物资料，具有一定的历史价值。建筑装饰细致，建造技术体现时代特征，具有一定的艺术和科学价值。

清华大学北院16号全景（一）

清华大学北院16号全景（二）

北立面

墙体山花装饰

檐口装饰（一）

檐口装饰（二）

清华大学近现代教学楼历史建筑群

清华大学近现代教学楼历史建筑群指位于清华路北侧、熙春路东侧，校河围合区域内建于20世纪20～50年代的，除去文物建筑以外的教学楼建筑群，是近代中国建筑师对建筑设计的探索，也是清华大学发展历程的见证。具体包括以下建筑。

建于1922年的旧土木馆（工艺馆），最初是留美预备学校学生进行工艺实习的场所。共2层，砖混结构，主入口朝北，入口上方二层有拱券，现为建筑学院建筑技术科学系所在地。

建于1932年的旧水利馆（水力实验馆）最初2层，1952年加建第三层及人字坡顶，砖混结构，青砖清水墙，被称为"中国第一座水工试验所"。

另有20世纪50年代的建筑3座，其中第一教室楼建于1952年，运用现代主义的设计手法，简洁大方；第二教室楼和新水利馆分别建于1954年和1955年，均由清华大学校友建筑师周维权设计，新古典主义风格。这3座建筑均属于新中国成立初期清华校园建设的代表性建筑。

历史建筑清单

历史建筑名称	历史建筑编号
清华大学新水利馆	BJ_HD_QHY_0002_01
清华大学第二教室楼	BJ_HD_QHY_0002_02
清华大学第一教室楼	BJ_HD_QHY_0002_03
清华大学旧水利馆	BJ_HD_QHY_0002_04
清华大学旧土木馆	BJ_HD_QHY_0002_05

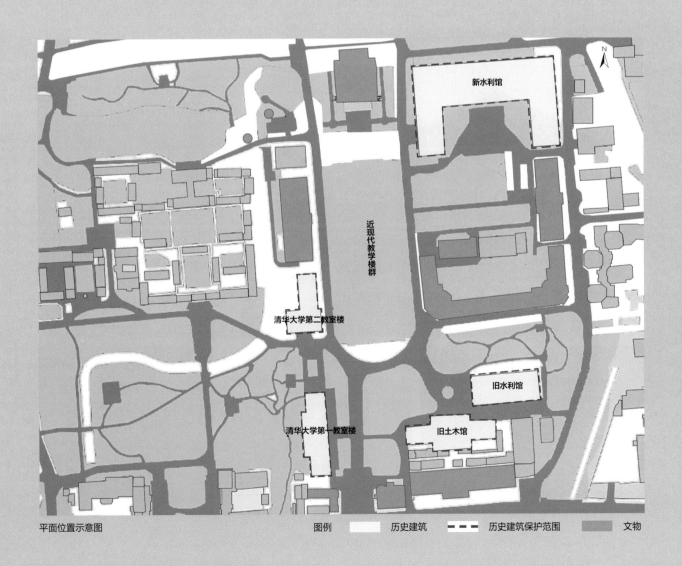

平面位置示意图　　　　图例 ▢ 历史建筑 ▬▬ 历史建筑保护范围 ▨ 文物

01 清华大学新水利馆

BJ_HD_QHY_0002_01

建筑类别	近现代公共建筑
年 代	1949～1979年
建筑层数	4层
建筑结构	混合结构
公布批次	第一批

建筑概况

新水利馆位于大礼堂东侧，1955年建成，相对于既有的水利馆而得名，由清华大学校友建筑师周维权设计，新古典主义风格。设计之初，一层为大型水利实验室，二层为科研室办公室，三、四层为公共教室。现为清华水利水电工程学系馆。

建筑平面呈"凹"字形布局，凹口向南，整体呈东西对称布局，中间横向部分建筑4层、两翼伸出建筑3层。混合结构，四坡屋顶，屋面布瓦，红砖清水墙，浅灰色水刷石墙基。主入口面南，入口处下面两层为3个连续拱券状门窗洞口，简化的欧式壁柱装饰，拱窗下槛墙饰立体花朵，顶层外凸水刷石窗套，窗台下有涡卷支撑。北面入口处亦为拱券门窗，栏杆镂空卷草纹样。直棂木质门窗，部分后改为现代门窗。

该建筑是新中国成立初期，本土建筑师对新古典主义风格建筑设计的探索和实践，有一定的历史价值。该建筑临近大礼堂区的早期红砖建筑，其建筑造型、风格均与早期建筑相协调，建造技术又体现了时代特征，具有一定的艺术和科学价值。

清华大学新水利馆全景

南立面

门廊装饰

入口及立面装饰

02 清华大学第二教室楼
BJ_HD_QHY_0002_02

建筑类别	近现代公共建筑
年　代	1949～1979年
建筑层数	2层
建筑结构	砖混结构
公布批次	第一批

清华大学第二教室楼位于大礼堂前广场西南角,简称"二教",是清华大学第二座公共教学楼,建于1954年,由清华大学校友建筑师周维权设计,新古典主义风格,属新中国成立初期校园的主要建筑之一。建筑包括3个大教室及1个大会议室,建成后一直作为学校机关会议及外联活动的主要场所,目前主要作为教学楼使用。

建筑平面呈"T"形布局,共两层,砖混结构,坡屋顶,红砖清水墙,浅灰色水刷石墙基。主入口面向东侧草坪,西式连拱门廊、4根简化的科林斯柱,二层镂空卷草纹样阳台栏杆。四向立面斗砖装饰腰线,二层均为西式拱券窗、简化卷叶式柱头,南北次入口前设垂带踏跺,南侧入口二层突出镂空卷草纹阳台。屋顶挑檐由水泥椽承托,檐下装饰三陇板,檐口顶棚装饰立体花朵。

该建筑与科学馆、西阶教室、清华学堂和大礼堂等建筑共同围合形成以大礼堂为中心的西区景观,其造型、风格与早期建筑及周边环境相协调,具有一定的历史、艺术和科学价值。

清华大学第二教室楼全景

东立面

室外台阶

檐部装饰

03 清华大学第一教室楼

BJ_HD_QHY_0002_03

建筑概况

清华大学第一教室楼位于二校门西北，简称"一教"，是清华大学第一座公共教学楼，建于1952年，由清华大学建筑学院李道增设计。运用现代主义的设计手法，属新中国成立初期校园的主要建筑之一。1978年，学校在此设置了"电化教育中心"，并曾长期作为校内闭路电视的播放基地，目前仍主要作为教学楼和电教中心使用。

建筑南北两端各有一个大教室，其余为小教室。建筑平面呈长方形布局，共3层，砖混结构，墙面刷黄色涂料，浅灰色水刷石墙基。主入口面向东侧草坪，入口仅作简单雨篷，门前设垂带踏跺。四向立面开3层规整大窗，窗户凹入较大。四坡屋顶，屋面布瓦。南、北两端单独设置出入口、水磨石台阶及栏杆扶手。

该建筑建成之初就成为全校主要的教学楼之一，同时也一直为全校文化娱乐的重要场所，具有一定的历史价值。建筑外形简洁、朴实，功能实用，体现出一定的艺术和科学价值。

建筑类别	近现代公共建筑
年　代	1949～1979年
建筑层数	3层
建筑结构	砖混结构
公布批次	第一批

清华大学第一教室楼全景

北立面

室外台阶

室外台阶细部

04 清华大学旧水利馆

BJ_HD_QHY_0002_04

建筑类别	近现代公共建筑
年代	1911~1949年
建筑层数	3层
建筑结构	砖混结构
公布批次	第一批

建筑概况

旧水利馆（水力实验馆）位于二校门东侧、清华学堂南侧，由水利水电教育家施嘉炀设计并主持修建，始建于1932年，最初两层，1952年加建第三层及人字坡顶，当时被称为"中国第一座水工试验所"。1947年，梁思成主持的建筑系设在二层，包括设计教室、素描教室、教师办公室、会议室以及土木实验室等，兼具了巴黎美术学院式的图房（atelier）以及包豪斯式的工作坊（workshop）。

建筑平面呈东西向长方形，共3层，砖混结构，坡屋顶，青砖清水墙，黄色花岗石墙基。主入口朝西，门前有黄色花岗石如意踏跺及花岗石西式檐口门套。四向立面装饰斗砖腰线，南立面一、二层砖柱外凸，北立面设有直通二层的室外楼梯，原二层挑檐下装饰齿状线脚。屋顶水泥檩条凸出山墙，木质封檐板。立砖砌窗过梁及窗台，木质直棂门窗。

该建筑是近代中国建筑师对建筑设计的探索，也是清华大学建筑系成立时所在旧址，有着一定的历史价值。旧水利馆灰墙、大坡顶的设计跟周边清华学堂等罗马式建筑搭配和谐，建筑造型简洁、大方，建造技术体现时代特征，具有一定的艺术和科学价值。

清华大学|旧水利馆全景

东立面

檐部装饰

入口装饰

05 清华大学旧土木馆

BJ_HD_QHY_0002_05

建筑类别	近现代公共建筑
年　代	1911～1949年
建筑层数	2层
建筑结构	砖混结构
公布批次	第一批

建筑概况

清华大学旧土木馆（工艺馆）位于二校门东侧，初名"工艺馆"。建成于1922年，最初是留美预备学校学生进行工艺实习的场所。1926年清华大学正式成立工程系，1932年工学院成立，在原工艺馆的基础上进行扩建，增盖了东、西两翼部分，扩建后的土木工程馆整体呈现美国近代折中主义建筑风格。目前为建筑学院建筑技术科学系所在地。

建筑平面略呈"凸"字形，东西向对称布局，共2层，砖混结构，平屋顶，青砖清水墙，黄色花岗石墙基。主入口朝北，入口上方二层设拱券，有拱券石，外凸出带有檐口装饰的花岗石门套，门前有黄色花岗石垂带踏跺。一层和二层楼板处有较大出檐，檐下装饰齿状线脚，顶部女儿墙。立砖砌窗过梁及窗台，木质直棂门窗，部分窗改为现代材质。立面长满爬藤类植物。

该建筑是近代中国折中主义建筑设计的实例，有一定的历史价值；建筑造型简洁、大方，建造技术体现时代特征，具有一定的艺术和科学价值。

清华大学旧土木馆全景

西立面

入口装饰

檐部装饰

成志学校

　　该建筑是清华大学附属小学和中学的前身，有一定的历史价值。建筑设计自由、简洁，兼具中西风格，体现了近代中式建筑的设计特色，具有一定的艺术和科学价值。

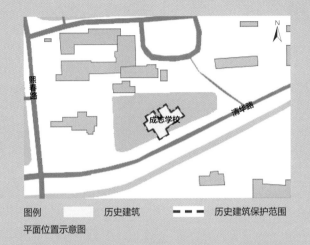

平面位置示意图

图例 ▢ 历史建筑 ▬ ▬ ▬ 历史建筑保护范围

历史建筑清单

历史建筑名称	历史建筑编号
成志学校	BJ_HD_QHY_0003

成志学校入口

01 成志学校
BJ_HD_QHY_0003

成志学校位于清华园东西主干道（清华路）的北侧、二校门以西，从甲所翻过小土山向南，原名"丁所"。建于1927年，是建校早期为清华教职工子弟开设的小学、中学。当年学校董事会包括了冯友兰、张子高、马约翰、朱自清、杨武之等学者大师，直至清华大学南迁该校消亡，现为清华大学工会的办公场所。

建筑平面复杂，主体"L"形布局，转角面向东南设置主入口，建筑北侧、西侧均有凸出。地上1层，砖木结构，青砖灰色涂料、水泥墙基。主入口斜向东南，三角墙面，拱券门廊，有拱心石，门楣上端书4个大字"成志学校"。山墙顶部圆窗，西侧山墙五进五出，其他山墙开窗，后檐墙上部冰盘檐。中式组合坡屋顶，上铺灰色机瓦。立面平拱砖过梁门窗，后改为现代门窗。

建筑类别	近现代公共建筑
年　代	1911～1949年
建筑层数	1层
建筑结构	砖木结构
公布批次	第一批

成志学校全景

立面装饰

门

砖砌平拱过梁窗

清华大学西院历史建筑群

西院紧邻西校门，分两次建成。新、旧西院为一处大院落，统称西院。院内树木成行，绿荫丛中一排排平房优雅宜人。

旧西院为1923~1924年建成，为5排20套中式院落建筑，谢家实绘图，建筑面积3131平方米。每套住宅为二合院，先建成正房与西厢房，后多添建为三合院。正房面阔5间，明间为客厅，两次间为寝室，两梢间分作厨房、浴室、储物等辅助用房，西厢房为书房。

新西院为1933年建成，在旧西院以南扩建了3排10套"工"字形中式院落建筑，设计师是安诺（C.J.Anner），建筑面积2312平方米。建筑功能分区合理，结构采用新式的三角木桁架。

五十多位著名学者先后在西院居住，王国维在这里读书著书；朱自清在这里著成名篇《荷塘月色》；顾毓琇、庄前鼎、郑之蕃、陈省身、陈桢、吴有训、钱伟长、吴晗、陶葆楷等都曾居住于此；邓稼先、杨振宁、熊秉明随父辈在这里度过美好的童年时光。今日西院是退休老职工的住宅，历经多年风雨而仍可见其旧貌。

该建筑群是清华大学著名学者、教授的居所，具有一定的历史价值；作为中式住宅，其平面功能和结构形式对传统合院建筑作了适应性改良，反映了20世纪初期对传统建筑形式的实践性探索和创新，为北京近代住宅建筑史提供了难得的实物资料。建筑简洁朴素的外观及体现时代特征的建造技术，具有一定的科学和艺术价值。

历史建筑清单

历史建筑名称	历史建筑编号
清华大学西院11号院	BJ_HD_QHY_0004_01
清华大学西院12号院	BJ_HD_QHY_0004_02
清华大学西院13号院	BJ_HD_QHY_0004_03
清华大学西院14号院	BJ_HD_QHY_0004_04
清华大学西院15号院	BJ_HD_QHY_0004_05
清华大学西院16号院	BJ_HD_QHY_0004_06
清华大学西院17号院	BJ_HD_QHY_0004_07
清华大学西院21号院	BJ_HD_QHY_0004_08
清华大学西院22号院	BJ_HD_QHY_0004_09
清华大学西院23号院	BJ_HD_QHY_0004_10
清华大学西院24号院	BJ_HD_QHY_0004_11
清华大学西院26号院	BJ_HD_QHY_0004_12
清华大学西院27号院	BJ_HD_QHY_0004_13
清华大学西院31号院	BJ_HD_QHY_0004_14
清华大学西院32号院	BJ_HD_QHY_0004_15
清华大学西院33号院	BJ_HD_QHY_0004_16
清华大学西院34号院	BJ_HD_QHY_0004_17
清华大学西院35号院	BJ_HD_QHY_0004_18
清华大学西院36号院	BJ_HD_QHY_0004_19
清华大学西院37号院	BJ_HD_QHY_0004_20
清华大学西院41号院	BJ_HD_QHY_0004_21
清华大学西院42号院	BJ_HD_QHY_0004_22
清华大学西院43号院	BJ_HD_QHY_0004_23
清华大学西院44号院	BJ_HD_QHY_0004_24
清华大学西院45号院	BJ_HD_QHY_0004_25
清华大学西院46号院	BJ_HD_QHY_0004_26
清华大学西院47号院	BJ_HD_QHY_0004_27

平面位置示意图　图例 ▢ 历史建筑　┈┈ 历史建筑保护范围

01 清华大学西院11号院
BJ_HD_QHY_0004_01

02 清华大学西院13号院
BJ_HD_QHY_0004_03

建筑类别	合院式建筑
年 代	1911～1949年
建筑层数	1层
建筑结构	砖木结构
公布批次	第一批

建筑概况

西院11号院（旧西院19号）与西院13号院（旧西院15号）于1923～1924年建成。数学家、数学教育家杨武之（1896～1973年）曾在西院11号院居住。杨武之是我国早期从事现代数论和代数学教学与研究的学者，他一生从事数学教育，历任西南联大数学系主任、清华大学数学系主任等职，陈省身、华罗庚等均出自他门下，诺贝尔奖获得者杨振宁是他的儿子。美籍华裔数学大师、20世纪最伟大的几何学家之一陈省身（1911～2004年）受聘为清华大学数学系教授时，也曾在此居住。我国生物学家陈桢在清华大学生物学系任教期间曾在西院13号院居住。西院11号院与西院13号院目前由清华大学老职工居住。

西院11号院位于西院东北角，属于旧西院二合院住宅，有北房（正房）和西厢。院落坐北朝南，原始格局基本保留，东南为入口。正房坐北朝南、面阔3间，两侧各连耳房1间。西厢面阔3间。两座建筑均为卷棚硬山、过龙脊，屋面铺灰色水泥机瓦，檐下单层木质方椽。两座建筑均为清水青砖墙，后檐墙冰盘檐，水泥博风板，直棂木门窗。东厢房后期重建，为传统风貌建筑。

西院13号院位于西院东侧中部，属于旧西院二合院住宅，有北房（正房）和西厢，后添建东厢成为三合院。院落坐北朝南，原始格局基本保留，东南为入口。正房坐北朝南、面阔3间，两侧各连耳房1间；西厢面阔3间，东厢面阔2间。3座建筑均为卷棚硬山、过龙脊，屋面铺灰色水泥机瓦，檐下单层木质方椽。3座建筑均为清水青砖墙，后檐墙多层冰盘檐，多层砖叠墀头，水泥博风板，直棂木门窗。

清华大学西院11号院西立面

清华大学西院11号院平拱砖券窗

清华大学西院11号院冰盘檐

清华大学西院13号院木构件

清华大学西院13号院博风板

清华大学西院13号院檐部

03 清华大学西院22号院

BJ_HD_QHY_0004_09

建筑类别	合院式建筑
年　代	1911～1949年
建筑层数	1层
建筑结构	砖木结构
公布批次	第一批

建筑概况

　　西院22号院于1923～1924年建成，电子学家、物理学家、教育家、中国科学院院士孟昭英（1906～1995年）曾在此居住。该院落目前由清华大学老职工居住。

　　西院22号院位于西院北侧，属于旧西院二合院住宅，有北房（正房）和西厢。院落坐北朝南，原始格局基本保留，西南为入口。正房坐北朝南、面阔3间，两侧各连耳房1间。西厢面阔2间。3座建筑均为卷棚硬山、过龙脊，屋面铺灰色水泥机瓦，檐下单层木质方椽。3座建筑均为清水青砖墙，后檐墙多层冰盘檐，水泥博风板，直棂木门窗。

清华大学西院22号院全景

正立面

木构件

博风板（一）

博风板（二）

04 清华大学西院26号院
BJ_HD_QHY_0004_12

05 清华大学西院37号院
BJ_HD_QHY_0004_20

建筑类别	合院式建筑
年 代	1911~1949年
建筑层数	1层
建筑结构	砖木结构
公布批次	第一批

建筑概况

西院26号与37号院均于1933年建成。中国的土木工程与环境工程教育家、现代给排水工程创始人之一、环境工程学科奠基人之一陶葆楷（1906~1992年）曾在西院26号居住。陶葆楷曾任清华大学土木系主任并代理工学院院长，土木、建筑两系合并为土木建筑系，陶葆楷与梁思成同为系主任；中国历史学家雷海宗（1902~1962年）曾在西院37号居住。西院26号与37号院落目前由清华大学老职工居住。

西院26号位于西院南部，属于新西院区域的北侧；西院37号位于西院南侧，属于新西院区域的西南。中式院落建筑，平面都呈"工"字形布局，主入口原设于南房。建筑和围墙围合成东、西两个内部庭院，主要房间均面向庭院开窗。北房3间，东、西各带1个耳房；南房3间，西侧带1个耳房；中间为中厅。3座建筑均为卷棚硬山、过龙脊，大部分屋面铺灰色机瓦，少数屋面铺灰梗、仰瓦，檐下单层木质方椽。3座建筑均为清水青砖墙，后檐墙、山墙有烟囱、水泥博风板，直棂木门窗。

清华大学西院26号院侧立面

清华大学西院26号院檐部

清华大学西院37号院背立面

清华大学西院37号院檐部

清华大学照澜院历史建筑群

照澜院，即南院，位于二校门以南，1920~1921年建。在新林院（新南院）建成后曾称为旧南院，1947年据朱自清提议改为照澜院。由庄俊设计监造，现存南院住宅设计图纸有"民国八年三月十二工程师庄俊绘样"的图签。包括甲、乙两种户型各10套，甲种为西式双拼单层外廊式住宅，乙种为中式三合院，建筑面积共3650平方米。照澜院场地总体呈方形，西式住宅布列于北、东两面，南、西面排布中式院落，中部围合的空间设为公共运动场。中西建筑融入林木树草，意境清幽。

甲种：10所，西式丹顶洋房（西式双拼单层外廊式住宅），各有半开敞式院落，正房前出廊宽敞，面向树木茂密的小径。照澜院1~6号坐南朝北，照澜院7~10号坐东朝西。室内空间划分为居室、公共活动、辅助用房3个功能区，并以公共活动区为核心展开。公共活动区包括起居室、餐厅，居室区包括2间卧室和盥洗室，辅助用房区包括女役室、厨房、厕所、煤室、役室、储物室。

建筑群内的该种建筑是清华大学学者、教授的居所，同时反映了20世纪初期北京近代建筑呈现出的"洋风"建筑潮流，为北京近代住宅建筑史提供了难得的实物资料，具有一定的历史价值。整体建筑透出朴素、典雅之美，建造技术体现时代特征，具有一定的艺术和科学价值。

乙种：10所，中式二合院形式，仅建正房和西房，后增建为三合院。正房面阔5间，明间为客厅，两次间为寝室，两梢间分别为厨房、浴室、储物等辅助用房，西厢为书房。这种布局将日常功能紧凑地布置在正房内，功能至上的实用主义取代了传统四合院严格的等级制。在结构形式上，部分中式建筑也作了创新，采用三角形木桁架代替了传统的抬梁式木屋架，结构体系更加简洁。

梅贻琦、戴超、杨光弼等首先入住照澜院，赵元任、陈寅恪、张子高、马约翰、俞平伯、冯景兰、袁复礼等也相继安居于此。这里一直作为教职工的住宅，是清华最早的教授住宅群，具有一定的历史价值。作为中式住宅，其平面功能和结构形式对传统合院建筑作了适应性改良，反映了20世纪初期对传统建筑形式的实践性探索和创新，为北京近代住宅建筑史提供了难得的实物资料。简洁朴素的外观及体现时代特征的建造技术，使建筑具有一定的科学和艺术价值。

平面位置示意图　图例 ▢ 历史建筑 ▪▪▪ 历史建筑保护范围

历史建筑清单

历史建筑名称	历史建筑编号
清华大学照澜院1号楼	BJ_HD_QHY_0005_01
清华大学照澜院2号楼	BJ_HD_QHY_0005_02
清华大学照澜院3号楼	BJ_HD_QHY_0005_03
清华大学照澜院4号楼	BJ_HD_QHY_0005_04
清华大学照澜院5号楼	BJ_HD_QHY_0005_05
清华大学照澜院6号楼	BJ_HD_QHY_0005_06
清华大学照澜院7号楼	BJ_HD_QHY_0005_07
清华大学照澜院8号楼	BJ_HD_QHY_0005_08
清华大学照澜院9号楼	BJ_HD_QHY_0005_09
清华大学照澜院10号楼	BJ_HD_QHY_0005_10
清华大学照澜院11号院	BJ_HD_QHY_0005_11
清华大学照澜院12号院	BJ_HD_QHY_0005_12
清华大学照澜院13号院	BJ_HD_QHY_0005_13
清华大学照澜院14号院	BJ_HD_QHY_0005_14
清华大学照澜院15号院	BJ_HD_QHY_0005_15
清华大学照澜院16号院	BJ_HD_QHY_0005_16
清华大学照澜院17号院	BJ_HD_QHY_0005_17
清华大学照澜院18号院	BJ_HD_QHY_0005_18
清华大学照澜院19号院	BJ_HD_QHY_0005_19
清华大学照澜院20号院	BJ_HD_QHY_0005_20

01 清华大学照澜院1号楼

BJ_HD_QHY_0005_01

建筑概况

照澜院1号建于1920~1921年，中国现代语言和现代音乐学先驱赵元任（1892~1982年）曾在此居住过，赵元任是清华大学四大国学导师之一，后任哈佛大学教授。目前仍为清华大学教职工居住使用。

照澜院1号位于照澜院西北角，属于甲种——西式单层外廊式住宅，其与面积、户型都相同的2号组成平面为"山"字形的双拼别墅。砖木结构，地上1层，有阁楼。主入口面向南侧小路，门前有垂带踏跺，屋后设独立内庭院，后院有少量私搭房屋。西南侧有游廊，两根青灰色水泥西式简柱支撑屋面。三角形木桁架，青砖清水墙，虎皮石墙基，欧式四坡顶组合屋面，原铺红板瓦，后改为灰色机瓦。屋顶出檐，木椽外露于檐下，平拱砖过梁窗，直棂木门窗，游廊前有白色木栏杆。主要居室内铺木地板，辅助用房为水泥或砖地面。

建筑类别	居住小区
年代	1911~1949年
建筑层数	1层
建筑结构	砖木结构
公布批次	第一批

清华大学照澜院1号楼全景

南立面

屋檐木构件

台基、台阶

02 清华大学照澜院3号楼

BJ_HD_QHY_0005_03

建筑类别	居住小区
年　代	1911～1949年
建筑层数	1层
建筑结构	砖木结构
公布批次	第一批

照澜院3号建于1920～1921年，中国核物理研究的开拓者、中国核事业的先驱、中科院院士赵忠尧（1902～1998年）曾在此居住。目前仍为清华大学教职工居住使用。

照澜院3号位于照澜院北侧中部，属于甲种——西式单层外廊式住宅，其与面积、户型都相同的4号组成平面为"山"字形的双拼别墅。砖木结构，地上1层，有阁楼。主入口面向南侧小路，门前有踏跺，屋后设独立内庭院，屋顶出檐，木椽外露于檐下，平拱砖过梁窗，直棂木门窗。西南侧有游廊，两根青灰色水泥西式简柱支撑屋面。三角形木桁架，青砖清水墙，虎皮石墙基，欧式四坡顶组合屋面，原铺红板瓦，后改为灰色机瓦。主要房间室内铺木地板，辅助用房为水泥或砖地面。

清华大学照澜院3号楼全景

台阶及台基

平拱砖券

立面木门窗

03 清华大学照澜院11号院

BJ_HD_QHY_0005_11

建筑类别	合院式建筑
年　代	1911～1949年
建筑层数	1层
建筑结构	砖木结构
公布批次	第一批

建筑概况

照澜院11号院建于1920～1921年，中国古典文学专家余冠英（1906～1995年）曾在此居住。目前由北京清华正大商贸公司作为办公使用。

照澜院11号院位于照澜院南侧偏东，属于乙种——中式合院住宅，最初依照传统二合院形式，仅建正房和西厢。院落坐北朝南，原始格局基本保留，宅门位于南侧，卷棚随墙门，入口垂带踏跺。正房坐北朝南、面阔3间，两侧分别连接1间耳房。西厢面阔3间。两座建筑均为卷棚硬山、过龙脊、灰色机瓦屋面，檐下单层木质方椽。两座建筑均为清水青砖墙，后檐墙多层冰盘檐，多层砖叠墀头，水泥博风板，直棂木门窗。

清华大学照澜院11号院全景

檐部

木构件

04 清华大学照澜院15号院

BJ_HD_QHY_0005_15

建筑类别	合院式建筑
年 代	1911～1949年
建筑层数	1层
建筑结构	砖木结构
公布批次	第一批

建筑概况

照澜院15号院建于1920～1921年，清华大学的国文教授赵瑞侯曾在此居住，罗隆基、闻一多、何浩若、浦薛凤等人都是赵瑞侯的学生。目前仍为清华大学教职工居住使用。

照澜院15号院位于照澜院西南角，属于乙种——中式合院住宅，最初依照传统二合院形式，仅建正房和西厢。院落坐北朝南，原始格局基本保留，宅门位于南侧，卷棚随墙门，入口垂带踏跺。正房坐北朝南、面阔五间，西厢房面阔3间。两座建筑均为卷棚硬山、过龙脊、灰色机瓦屋面，后檐墙多层冰盘檐，山墙水泥博风板；两座建筑均为木质窗过梁、直棂木门窗。

清华大学照澜院15号院全景

虎皮台基

院门踏跺

05 清华大学照澜院16号院

BJ_HD_QHY_0005_16

建筑类别	合院式建筑
年代	1911～1949年
建筑层数	1层
建筑结构	砖木结构
公布批次	第一批

建筑概况

照澜院16号院建于1920～1921年，中国近代的体育教育家马约翰（1882～1966年）曾在此居住，马约翰曾任清华大学体育部主任、中国田径协会主席、中华全国体育总会主席。目前为清华大学纪念品服务部使用。

照澜院16号院位于照澜院西侧偏南，属于乙种——中式合院住宅，最初依照传统二合院形式，仅建正房和西厢，后增建东厢，成为三合院。院落坐北朝南，原始格局基本保留，宅门位于西侧，卷棚随墙门，入口垂带踏跺。正房坐北朝南、面阔5间，两厢各面阔3间。3座建筑均为卷棚硬山、过龙脊、灰色机瓦屋面，檐下单层方椽，后檐墙或冰盘檐，水泥博风板；3座建筑均为木质格栅门、窗，油饰丹楹、朱门、绿窗。

清华大学照澜院16号院全景

侧立面

16号院大门

清华大学胜因院历史建筑群

胜因院，位于照澜院西南、新林院西侧，1946～1947年建，抗战胜利复校后添建的教工住宅。共建住宅40套，总建筑面积5103平方米，由中国建筑事务所基泰工程司承担，当时负责项目的是著名建筑师张镈。朱自清教授提议取名"胜因院"，盖因西南联大期间清华曾租用昆明胜因寺为校舍，且建造于抗战刚胜利不久，故予双重寓意以纪念。在此居住的有刘仙洲、汤佩松、吴景超、费孝通、金岳霖、邓以蛰及梁思成和林徽因夫妇等。

胜因院设计有两种单元：一是单层两坡顶别墅式、砖木结构，门牌为1～18号、31～40号，户均使用面积97.25平方米；二是独栋双层庭院式别墅，局部2层、两坡顶、混合结构，门牌为19～30号，户均使用面积198.33平方米。胜因院建筑是在抗战结束后特殊的经济社会条件下建成的功能至上、风格简约的现代主义住宅。风格类似美式郊区住宅，"清水红砖墙，灰瓦两坡顶"是胜因院介绍牌上的概括性总结。胜因院东半部分拆除改建，尚保留西半

部分，有13号、14号、17号、21号、22号、25号、26号、27号、28号、29号、30号、32号、36号、37号楼，共14栋住宅。

本着经济、节省的原则，胜因院单层别墅在有限的空间内，较好地处理了功能分区，并尽可能在细节上体现简明的装饰艺术。建筑主体为两坡机瓦顶，书房、卧室为青灰平顶，松木望板。卧室置俄式壁炉，室内均设暖墙烧煤取暖。

该建筑群内的建筑是学者的居所，其设计着重体现了现代主义建筑的基本原则——注重建筑功能的合理性，建筑形式作为建筑功能的自然反映，它是现代主义建筑理念影响中国近代住宅的实例，具有一定的历史价值。由于经费限制而简化了设计，但建筑依然造型优雅、简洁，功能紧凑、实用，节约成本的同时体现了时代特征和对现代住宅建筑设计的探索，具有较高的艺术和科学价值。

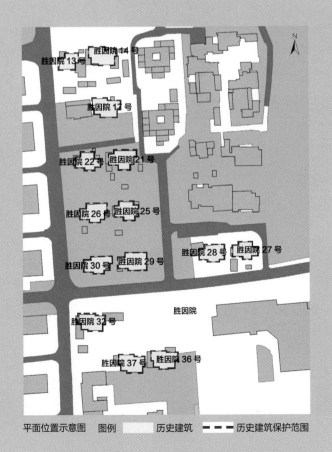

平面位置示意图　图例　▢ 历史建筑　▬ ▬ ▬ 历史建筑保护范围

历史建筑清单

历史建筑名称	历史建筑编号
清华大学胜因院13号楼	BJ_HD_QHY_0006_01
清华大学胜因院14号楼	BJ_HD_QHY_0006_02
清华大学胜因院17号楼	BJ_HD_QHY_0006_03
清华大学胜因院21号楼	BJ_HD_QHY_0006_04
清华大学胜因院22号楼	BJ_HD_QHY_0006_05
清华大学胜因院25号楼	BJ_HD_QHY_0006_06
清华大学胜因院26号楼	BJ_HD_QHY_0006_07
清华大学胜因院27号楼	BJ_HD_QHY_0006_08
清华大学胜因院28号楼	BJ_HD_QHY_0006_09
清华大学胜因院29号楼	BJ_HD_QHY_0006_10
清华大学胜因院30号楼	BJ_HD_QHY_0006_11
清华大学胜因院32号楼	BJ_HD_QHY_0006_12
清华大学胜因院36号楼	BJ_HD_QHY_0006_13
清华大学胜因院37号楼	BJ_HD_QHY_0006_14

01 清华大学胜因院21号楼

BJ_HD_QHY_0006_04

建筑类别	居住小区
年 代	1911～1949年
建筑层数	2层
建筑结构	砖木结构
公布批次	第一批

建筑概况

胜因院21号楼建于1946～1947年，中国社会学家、都市社会学家吴景超（1901～1968年）曾在此居住，后为我国艺术设计教育家、艺术设计家常沙娜居住。目前为清华大学文学创作与研究中心使用。

胜因院21号楼属于单幢2层庭院式住宅。建筑平面由多个矩形排列布局，坡屋顶、砖木结构，主体2层、局部1层。层高较低，竖向划分功能分区。主入口面向南侧道路，正立面山墙开大窗，顶端开方形小窗。红砖清水墙，陡砖砌窗过梁、窗台及腰线，水泥下槛墙，水泥散水。悬山人字坡组合屋面，出檐较大，木质檩条、望板，屋面原覆盖红色机瓦，后改为灰色水泥瓦。门窗后更换为现代材料，室内设置木楼板、木楼梯。

清华大学胜因院21号楼全景

屋面

檐部

外墙

02 清华大学胜因院22号楼

BJ_HD_QHY_0006_05

建筑类别	居住小区
年　代	1911～1949年
建筑层数	2层
建筑结构	砖木结构
公布批次	第一批

建筑概况

胜因院22号楼建于1946～1947年，我国历史学家周一良（1913～2001年）、对外汉语教育家邓懿夫妇曾先后在此居住。胜因院22号楼目前为清华大学国家治理研究院所用。

胜因院22号楼属于单幢2层庭院式住宅。建筑平面由多个矩形排列布局，坡屋顶、砖木结构，主体2层、局部1层。层高较低，竖向划分功能分区。主入口面向南侧道路，正立面山墙开大窗，顶端开方形小窗。红砖清水墙，陡砖砌窗过梁、窗台及腰线，水泥下槛墙，水泥散水。屋顶为悬山人字坡屋面，上铺灰色水泥瓦。屋顶出檐较大，檐下为木质檩条、木质望板。室内仍保留有木质楼板和楼梯。

清华大学胜因院22号楼全景

檐部

屋面

外墙

03 清华大学胜因院25号楼

BJ_HD_QHY_0006_06

建筑概况

胜因院25号楼建于1946～1947年，我国机械工程专家褚士荃曾在此居住，他曾任西南联大、清华大学教授，清华大学训导长。目前为清华大学国家战略研究院使用。

胜因院25号楼位于胜因院中部偏南，属于单幢2层庭院式住宅。建筑平面由多个矩形排列布局，坡屋顶、砖木结构，主体2层、局部1层。层高较低，竖向划分功能分区。主入口面向南侧道路，正立面山墙开大窗，顶端开方形小窗。红砖清水墙，陡砖砌窗过梁、窗台及腰线，水泥下槛墙，水泥散水。悬山人字坡组合屋面，出檐较大，木质檩条、望板，屋面为灰色水泥瓦。室内设置木楼板、木楼梯。

建筑类别	居住小区
年　代	1911～1949年
建筑层数	2层
建筑结构	砖木结构
公布批次	第一批

清华大学胜因院25号楼全景

西立面

檐部

外墙

04 清华大学胜因院26号楼
BJ_HD_QHY_0006_07

建筑类别	居住小区
年　代	1911～1949年
建筑层数	2层
建筑结构	砖木结构
公布批次	第一批

建筑概况

　　胜因院26号楼建于1946～1947年，我国的逻辑学家、哲学家王宪钧（1910～1993年）曾在此居住。目前为清华大学中国古文字艺术研究中心所用。

　　胜因院26号楼位于胜因院中部偏南，属于单幢2层庭院式住宅。建筑平面由多个矩形排列布局，坡屋顶、砖木结构，主体2层、局部1层。层高较低，竖向划分功能分区。主入口面向南侧道路，正立面山墙开大窗，顶端开方形小窗。红砖清水墙，陡砖砌窗过梁、窗台及腰线，水泥下檻墙，水泥散水。屋顶有悬山人字坡组合屋面，出檐较大，木质檩条、望板，屋面为灰色水泥瓦。室内保留着木楼板、木楼梯。

清华大学胜因院26号楼全景

檐部

窗装饰

外墙

05 清华大学胜因院27号楼

BJ_HD_QHY_0006_08

胜因院27号楼建于1946～1947年，我国古希腊文学翻译家、研究家罗念生（1904～1990年）曾在此居住。目前为清华大学中美关系研究中心所使用。

胜因院27号楼属于单幢2层庭院式住宅。建筑平面由多个矩形排列布局，坡屋顶、砖木结构，主体2层、局部1层。层高较低，竖向划分功能分区。主入口面向南侧道路，正立面山墙开大窗，顶端开方形小窗。悬山人字坡组合屋面，出檐较大，木质檩条、望板，屋面原覆盖红色机瓦，后改为灰色水泥瓦。红砖清水墙，陡砖砌窗过梁、窗台及腰线，水泥下槛墙，水泥散水。室内保留木质楼梯和楼板。

建筑类别	居住小区
年　代	1911～1949年
建筑层数	2层
建筑结构	砖木结构
公布批次	第一批

清华大学胜因院27号楼全景

檐部

窗装饰

06 清华大学胜因院28号楼

BJ_HD_QHY_0006_09

胜因院28号楼建于1946～1947年，清华大学赵人儁、金起元、徐芸芳教授先后曾在此居住。目前为清华大学美术学院书法研究所使用。

胜因院28号楼属于单幢2层庭院式住宅。建筑平面由多个矩形排列布局，坡屋顶、砖木结构，主体2层、局部1层。层高较低，竖向划分功能分区。主入口面向南侧道路，正立面山墙开大窗，顶端开方形小窗。立面为清水红砖墙，窗过梁、窗台及立面腰线均由陡砖砌筑。水泥下槛墙，水泥散水。屋顶为悬山人字坡组合屋面，出檐较大，木质檩条、望板，屋面原覆盖红色机瓦，后改为灰色水泥瓦。门窗后更换为现代材料。室内有木楼板、木楼梯。院落围有石砌矮墙。

建筑类别	居住小区
年　代	1911～1949年
建筑层数	2层
建筑结构	砖木结构
公布批次	第一批

清华大学胜因院28号楼全景

北立面

窗装饰

清华大学新林院历史建筑群

新林院，即新南院，1946年后改为现名。1933～1934年建成30套西式花园洋房，由沈理源及其经营的天津华信工程司设计，建筑面积6677平方米。沈理源还主持设计了清华大学的化学馆、电机馆、机械馆、旧饭厅、航空馆和体育馆扩建等项目。

新林院是当时清华园内条件最好的教授住宅，独栋西式花园别墅，建筑标准高、质量好，功能齐全，共建成三十余所，分为大、小两种户型，总面积6588平方米，门牌号为住宅所在排数加序号。建成之初，每栋建筑前后间距15米左右，房前甬道两侧铺设草坪，种植冬青矮柏作围墙，在每户南部和东侧形成半开敞式庭院。建筑平面功能动静分区合理。清水红砖墙、四坡屋顶，最有特色的是户门上方挑出多种样式的钢筋混凝土雨篷，有小巧的圆拱形、折板形、仿垂莲柱形等，兼具挡雨与装饰作用，丰富了建筑立面。

这里曾居住了众多有学识威望的大师，比如闻一多（72号，已拆除）、潘光旦、周培源、俞平伯、吴有训、梁思成、林徽因、金岳霖、钱钟书等。

该建筑群的建筑是清华大学学者、教授的居所，既有美式别墅的特点，又体现了现代主义风格，为北京近代住宅建筑史提供了难得的实物资料，具有一定的历史价值。建筑大方舒展，设计简洁，建造技术体现时代特征，具有一定的艺术和科学价值。

图例 ▢ 历史建筑　▄ ▄ ▄ 历史建筑保护范围　▨ 文物

平面位置示意图

历史建筑清单

历史建筑名称	历史建筑编号
清华大学新林院1号楼	BJ_HD_QHY_0007_01
清华大学新林院2号楼	BJ_HD_QHY_0007_02
清华大学新林院3号楼	BJ_HD_QHY_0007_03
清华大学新林院4号楼	BJ_HD_QHY_0007_04
清华大学新林院5号楼	BJ_HD_QHY_0007_05
清华大学新林院6号楼	BJ_HD_QHY_0007_06
清华大学新林院7号楼	BJ_HD_QHY_0007_07
清华大学新林院9号楼	BJ_HD_QHY_0007_08
清华大学新林院10号楼	BJ_HD_QHY_0007_09
清华大学新林院11号楼	BJ_HD_QHY_0007_10
清华大学新林院12号楼	BJ_HD_QHY_0007_11
清华大学新林院21号楼	BJ_HD_QHY_0007_12
清华大学新林院22号楼	BJ_HD_QHY_0007_13
清华大学新林院23号楼	BJ_HD_QHY_0007_14
清华大学新林院31号楼	BJ_HD_QHY_0007_15
清华大学新林院32号楼	BJ_HD_QHY_0007_16
清华大学新林院41号楼	BJ_HD_QHY_0007_17
清华大学新林院42号楼	BJ_HD_QHY_0007_18
清华大学新林院43号楼	BJ_HD_QHY_0007_19
清华大学新林院51号楼	BJ_HD_QHY_0007_20
清华大学新林院52号楼	BJ_HD_QHY_0007_21
清华大学新林院53号楼	BJ_HD_QHY_0007_22
清华大学新林院61号楼	BJ_HD_QHY_0007_23

01 清华大学新林院2号楼

BJ_HD_QHY_0007_02

新林院2号楼建于1933~1934年，我国流体力学家、理论物理学家、教育家、社会活动家、中科院院士周培源（1902~1993年）曾在此居住。周培源是中国近代力学奠基人和理论物理奠基人之一，曾任清华大学教务长、校务委员会副主任、中国科学院副院长。目前为清华大学教职工居住使用。

新林院2号楼位于新林院最北部，是新林院大户型别墅，平面整体呈"凸"字形，南侧主体建筑中轴对称。砖木结构，红砖清水墙、木屋架，地上1层。主入口面向南侧院落，入口三间内凹形成平台，作为入户的过渡空间，户门上方挑出圆拱形钢筋混凝土雨篷。檐口至窗户上沿贴水泥砂浆砾石墙面，墙基水泥砂浆抹面。欧式四坡顶组合屋面，铺灰色机瓦。出檐较小、檐口平齐，周边设雨水槽，外墙设置雨落管，管顶端有欧式柱头装饰。直棂木门窗，主要房间室内水磨石地面。北侧伸出附属用房为人字坡顶，围合成独立内庭院。

建筑类别	居住小区
年　代	1911~1949年
建筑层数	1层
建筑结构	砖木结构
公布批次	第一批

清华大学新林院2号楼全景

南立面

雨搭

窗户

02 清华大学新林院7号楼

BJ_HD_QHY_0007_07

建筑概况

新林院7号楼建于1933~1934年，我国物理学家、教育家叶企孙（1898~1977年）曾在此居住；该院也是我国作家、文学研究家、翻译家钱钟书（1910~1998年）及其夫人——中国女作家、文学翻译家、戏剧家杨绛（1911~2016年）的居所。目前新林院7号为《水木清华》理事会、读者服务部所使用。

新林院7号楼位于新林院东北角，是新林院大户型别墅，平面整体呈"凸"字形。砖木结构，红砖清水墙、木屋架，地上1层。主入口面向南侧道路，入口西侧凸出，前有砖铺平台，户门上方挑出微弧形钢筋混凝土雨篷。檐口至窗户上沿贴水泥砂浆砾石墙面，墙基水泥砂浆抹面。欧式四坡顶组合屋面，铺灰色机瓦。出檐较小、檐口平齐、红色木制檐口吊顶外漆白漆，周边设雨水槽，外墙设置雨落管，管顶端有欧式柱头装饰。直棂木门窗，主要居室内水磨石地面。北侧伸出附属用房为人字坡顶，与院墙围合出独立的内庭院。

建筑类别	居住小区
年　代	1911~1949年
建筑层数	1层
建筑结构	砖木结构
公布批次	第一批

清华大学新林院7号楼全景

东立面

木窗

檐部

03 清华大学新林院9号楼
BJ_HD_QHY_0007_08

建筑类别	居住小区
年 代	1911~949年
建筑层数	1层
建筑结构	砖木结构
公布批次	第一批

建筑概况

新林院9号楼建于1933~1934年，我国剧作家陈铨（1903~1969年）以及数学教育家和计算数学家赵访熊均曾在此居住。赵访熊是中国最早提倡和从事应用数学与计算数学的教学与研究的学者之一，1962~1978年曾任清华大学副校长。后来，参与国徽设计制作的陶瓷专家高庄也曾在此居住。目前为清华大学教职工居住使用。

新林院9号楼位于新林院西侧，是新林院小户型别墅，平面整体呈"凸"字形，地上1层，砖木结构。主入口面向南侧道路，入口西侧凸出，前有砖铺平台，户门上方挑出折板形钢筋混凝土雨篷。整体为清水红砖墙面檐口至窗户上沿贴水泥砂浆砾石墙面，墙基水泥砂浆抹面。欧式四坡顶组合屋面，铺灰色机瓦。出檐较小、檐口平齐、周边设雨水槽，外墙设置雨落管，管顶端有欧式柱头装饰。直棂木门窗，主要房间室内水磨石地面。向北接出附属用房，与院墙形成内部庭院。

清华大学新林院9号楼全景

檐部

屋面

雨落管

04 清华大学新林院21号楼
BJ_HD_QHY_0007_12

建筑类别	居住小区
年 代	1911~1949年
建筑层数	1层
建筑结构	砖木结构
公布批次	第一批

建筑概况

新林院21号楼建于1933~1934年，为早期清华大学教授的居所，目前为私人住宅。

新林院21号楼位于新林院中部，是新林院大户型别墅，平面整体呈"凸"字形，地上1层。建筑为砖木结构，红砖清水墙体，木屋架。主入口面向南侧道路，入口西侧凸出，前有砖铺平台，户门上方为铁质支架平行雨篷。檐口至窗户上沿贴水泥砂浆砾石墙面，墙基水泥砂浆抹面。欧式四坡顶组合屋面，铺灰色机瓦。出檐较小、檐口平齐、红色木制檐口吊顶、周边设雨水槽，外墙设置雨落管，管顶端有欧式柱头装饰。直棂木门窗，主要房间室内水磨石地面。北侧伸出附属用房为人字坡顶，围合成独立内庭院，院落外墙为弧度转角。

清华大学新林院21号楼全景

木门窗

屋顶

屋顶檐部

05 清华大学新林院23号楼
BJ_HD_QHY_0007_14

建筑概况

新林院23号楼建于1933～1934年，我国机械工程专家、机械工程教育家庄前鼎（1908～1962年）曾在此居住；城市规划专家、中国历史文化名城保护主要倡议人之一——郑孝燮（1916～2017年）也曾在此居住。

新林院23号楼位于新林院西北角，是新林院大户型别墅，平面整体呈"凸"字形。砖木结构，红砖清水墙、木屋架，地上1层。主入口面向南侧道路，入口西侧凸出，前有砖铺平台，户门上方挑出折板形钢筋混凝土雨篷。檐口至窗户上沿贴水泥砂浆砾石墙面，墙基水泥砂浆抹面。欧式四坡顶组合屋面，铺灰色机瓦。出檐较小、檐口平齐、周边设雨水槽，外墙设置雨落管，管顶端有欧式柱头装饰。直棂木门窗，主要房间室内水磨石地面。向北接出人字坡顶的附属用房，北侧有独立的内庭院。

建筑类别	居住小区
年 代	1911～1949年
建筑层数	1层
建筑结构	砖木结构
公布批次	第一批

清华大学新林院23号楼全景　　北立面　　屋顶　　木门窗

06 清华大学新林院31号楼
BJ_HD_QHY_0007_15

建筑概况

新林院31号楼建于1933～1934年，为早期清华大学教授的居所，目前为住宅使用。

新林院31号楼位于新林院中南部，是新林院大户型别墅，平面整体呈"凸"字形。砖木结构，木屋架，地上1层。主入口面向南侧道路，入口西侧凸出，前有砖铺平台，户门上为铁架平行雨篷。立面整体为红砖的清水墙面，檐口至窗户上沿贴水泥砂浆砾石墙面，墙基水泥砂浆抹面。欧式四坡顶组合屋面，铺灰色机瓦。出檐较小、檐口平齐、周边设雨水槽，外墙设置雨落管，管顶端有欧式柱头装饰。直棂木门窗，主要房间室内水磨石地面。北侧伸出人字坡顶的附属用房，与院墙围合成独立内庭院。

建筑类别	居住小区
年 代	1911～1949年
建筑层数	1层
建筑结构	砖木结构
公布批次	第一批

清华大学新林院31号楼全景　　雨落管　　立面及木门窗　　檐部

北京大学历史建筑群

今日北京大学的主校区位于燕园，这里的建筑有着悠久的历史。明清时期，这里曾有多处传统园林，如明代勺园、清代皇家"赐园"淑春园、镜春园、鸣鹤园等。民国时期，燕京大学在清代园林遗址上建设校园，美国设计师亨利·墨菲规划设计了古色古香的"燕园"，学校建筑的外观尽量模仿中国古典建筑，内部则采用现代结构，把中国文化和现代技术很好地结合在一起。1952年，北京大学从沙滩红楼迁到燕园，并开始了大规模的校园建设，此后的校园建筑多采用民族形式或简洁的现代式建筑，均十分注意与原有建筑的相互协调。

勺园位于北京大学西校门南的西侧门处，又名风烟里，约建于万历四十年（1612年）至万历四十二年（1614年），这里曾是明代书法家米万钟的府第。

鸣鹤园位于北大西门内北侧，园中山峦起伏，沟壑纵横，又有多处池水（今存荷花池与红湖），当年被誉为京西五大邸园之一。

镜春园与鸣鹤园原本同属春熙园，是圆明园附属园林之一。乾隆皇帝赐予和珅为园，成为淑春园的一部分。后至嘉庆七年，将淑春园一分为二，东部较小园区赐予嘉庆四女庄静公主，名曰"镜春园"；而西部较大园区则赐予嘉庆第五子惠亲王绵愉，即为鸣鹤园，俗称老五爷园。

康熙年间营建畅春园开始，这里成为清朝历代皇族贵胄们建造园林的首选之地。直到清末圆明园、颐和园诸园毁于战火，这一带也随着清王朝的没落而成为废园。

燕京大学由3所教会大学（汇文大学、华北协和大学、华北协和女子大学）合并而成。燕京大学校园是以早年淑春园遗址为中心扩建而成。燕京大学的首任校长司徒雷登于1928年购得鸣鹤园，1931年购得蔚秀园。

1921～1926年，美国人亨利·墨菲正式接受校长司徒雷登的聘请，承担设计工作。他充分重视自然环境，以未名湖为核心，主要建筑功能区围绕园林呈"品"字形分区布局。将传统园林的意境与西方建筑规划理念融合在一起，墨菲将其称为"改良式中国建筑的复兴"（adaptive Chinese architectural renaissance）。既结合了冈峦起伏、流水萦回的皇家园林特征，又结合了现代大学的使用要求，成为大学校园建设史上的里程碑。1926年燕园建筑基本建成，1929年举行落成典礼，嘉宾如云。面对美轮美奂的燕园，胡适曾赞："中国学校的建筑，当以此为第一。"

此时期建筑的东西主轴贯穿西门、贝公楼、博雅水塔，南北轴线上布置男女宿舍。

1952年燕京大学并入北京大学后，北京大学迁入燕京大学校址，并加速了校园的扩张。此时期成立了以张龙翔（北京大学）、梁思成（清华大学）为首的校园规划委员会负责校园建设，主张新建筑可以与原有建筑相协调，又能表达"社会主义内容、民族形式"。1958年，北大校长陆平主持了北大的规划方案，校园北部是以传统复兴风格为主的风景办公区，反映了20世纪20年代的建筑风格；校园南部是以中苏结合风格为主的教学生活区，反映了20世纪50年代的风格。

此时期，一方面，校方相继购得了位于北部和西部的承泽园、镜春园、朗润园主要用于兴建教师公寓，由于北侧是圆明园，因此整个校园建设主要向东、南扩展。另一方面，补充燕京大学时期未来得及修建的建筑：第一教学楼、文史楼、地空楼、化学楼、生物楼、哲学楼等，都是在墨菲的设计框架下建造而成，并努力与燕京大学建筑风格保持一致。此时期还修建了1～27号宿舍，中关园、1～3号公寓等生活楼区。此外，物理大楼、力学风洞、图书馆也陆续启动建造。

这个时期的建设，使得学校东、西两部分校园得以均衡发展，完成了从传统到现代的过渡，现代式建筑得以出现，为未来的开放态势奠定了基础。校园西部传统古典，东部现代开放，形成了教学区文科以西为主、理科以东为主的哑铃结构。理科楼群的建设，使得广场空间形成，将教学轴线和博雅塔、未名湖形成的景观视线交汇于此。20世纪80年代建成的遥感楼和电教楼承载了浓厚的时代记忆。

本次列为历史建筑的包括公共及文化教育类建筑5栋：燕园老锅炉房、燕园方楼、北京大学第一教学楼、北京大学遥感楼和北京大学电化教学楼、宿舍楼6栋：北京大学19～24号楼；此外还有教员住宅区2片，即燕东园和燕南园。

本次历史建筑的确定，重点关注了除教学楼建筑以外的近代教员住宅区——燕东园和燕南园。这些近代住宅融汇了中西方建筑风格，既有中国传统院落式住宅，还有体现西式风格的双拼外廊式、独栋庭院式和风格简约的现代小户型住宅。这些住宅也是北京市近现代名人故居的重要组成部分，延续着近代燕园与北京城市的历史文脉，对于北京历史文化名城保护具有实物与史料的双重价值。

历史建筑清单

建筑群名称	历史建筑名称	历史建筑编号	建筑群名称	历史建筑名称	历史建筑编号
燕园公共建筑历史建筑群	燕园老锅炉房	BJ_HD_YY_0001_01	燕南园历史建筑群	燕南园53号楼	BJ_HD_YY_0003_04
	燕园方楼	BJ_HD_YY_0001_02		燕南园54号楼	BJ_HD_YY_0003_05
燕东园历史建筑群	燕东园21号楼	BJ_HD_YY_0002_01		燕南园55号楼	BJ_HD_YY_0003_06
	燕东园22号楼	BJ_HD_YY_0002_02		燕南园56号楼	BJ_HD_YY_0003_07
	燕东园23号楼	BJ_HD_YY_0002_03		燕南园57号楼	BJ_HD_YY_0003_08
	燕东园24号楼	BJ_HD_YY_0002_04		燕南园58号楼	BJ_HD_YY_0003_09
	燕东园25号楼	BJ_HD_YY_0002_05		燕南园59号楼	BJ_HD_YY_0003_10
	燕东园28号楼	BJ_HD_YY_0002_06		燕南园60号楼	BJ_HD_YY_0003_11
	燕东园30号楼	BJ_HD_YY_0002_07		燕南园61号楼	BJ_HD_YY_0003_12
	燕东园31号楼	BJ_HD_YY_0002_08		燕南园62号楼	BJ_HD_YY_0003_13
	燕东园32号楼	BJ_HD_YY_0002_09		燕南园63号楼	BJ_HD_YY_0003_14
	燕东园33号楼	BJ_HD_YY_0002_10		燕南园64号楼	BJ_HD_YY_0003_15
	燕东园34号楼	BJ_HD_YY_0002_11		燕南园65号楼	BJ_HD_YY_0003_16
	燕东园35号楼	BJ_HD_YY_0002_12		燕南园66号楼	BJ_HD_YY_0003_17
	燕东园36号楼	BJ_HD_YY_0002_13	北京大学近现代教学楼历史建筑群	北京大学第一教学楼	BJ_HD_YY_0004_01
	燕东园37号楼	BJ_HD_YY_0002_14		北京大学遥感楼	BJ_HD_YY_0004_02
	燕东园39号楼	BJ_HD_YY_0002_15		北京大学电化教学楼	BJ_HD_YY_0004_03
	燕东园40号楼	BJ_HD_YY_0002_16	北京大学南门宿舍楼历史建筑群	北京大学19号楼	BJ_HD_YY_0005_01
	燕东园41号楼	BJ_HD_YY_0002_17		北京大学20号楼	BJ_HD_YY_0005_02
	燕东园42号楼	BJ_HD_YY_0002_18		北京大学21号楼	BJ_HD_YY_0005_03
燕南园历史建筑群	燕南园50号楼	BJ_HD_YY_0003_01		北京大学22号楼	BJ_HD_YY_0005_04
	燕南园51号楼	BJ_HD_YY_0003_02		北京大学23号楼	BJ_HD_YY_0005_05
	燕南园52号楼	BJ_HD_YY_0003_03		北京大学24号楼	BJ_HD_YY_0005_06

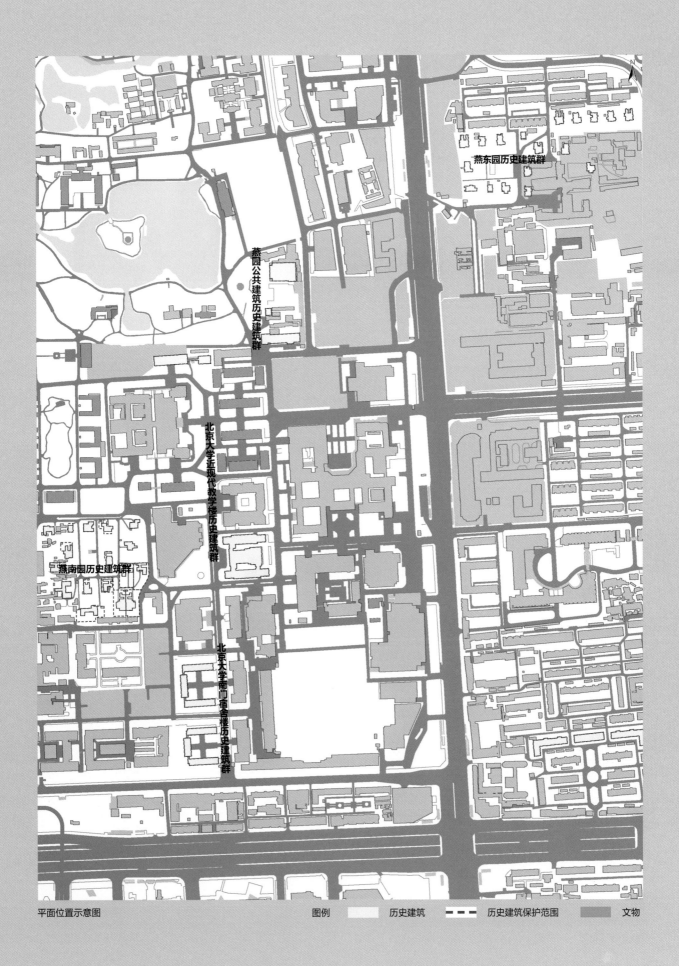

燕东园历史建筑群

燕园公共建筑历史建筑群

北京大学近现代教学楼历史建筑群

燕南园历史建筑群

北京大学南门宿舍楼历史建筑群

平面位置示意图　　　　　　　　　　　　图例　　██ 历史建筑　　▄▄▄▄ 历史建筑保护范围　　██ 文物

燕园公共建筑历史建筑群

　　燕京大学留存至今的教学楼、办公楼等公共建筑均已列入或登记为文物，未名湖周边的近代燕京大学时期公共建筑至今保留的有燕园老锅炉房和疑似于1942~1945年修建的燕园方楼。

历史建筑清单

历史建筑名称	历史建筑编号
燕园老锅炉房	BJ_HD_YY_0001_01
燕园方楼	BJ_HD_YY_0001_02

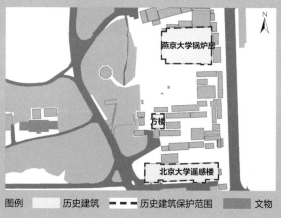

图例	历史建筑	━ ━ ━ 历史建筑保护范围	文物

平面位置示意图

燕园方楼全景

01 燕园老锅炉房

BJ_HD_YY_0001_01

建筑类别	近现代公共建筑
年　代	1911～1949年
建筑层数	2层
建筑结构	钢筋混凝土结构
公布批次	第一批

建筑概况

燕园老锅炉房，位于未名湖东侧，紧邻博雅塔。该建筑为燕京大学初创时期建造，当时海淀一带没有供电、供暖和自来水设备，该建筑作为燕京大学的供暖锅炉房和发电厂，是原燕京大学重要的设备用房。北京大学时期建筑的一部分曾作为核磁共振实验室使用。

燕园老锅炉房为钢筋混凝土结构单层厂房，现代主义建筑风格，平面呈东西向长方形，临近未名湖，以便锅炉使用、发电取水，建筑主体3跨，两边跨稍低，钢筋混凝土梁板柱平顶，中跨为保证安置锅炉、发电轮机设备，高度较高，跨度较远，钢筋混凝土梁柱，混凝土起半圆拱顶、形成单层平顶、中部高起半圆拱的立面形式。主入口向西中部前出一跨，青砖填充墙，水泥砂浆抹面，划水泥方格，刷土黄色涂料，刷白窗套，平顶出檐，无女儿墙。

该建筑为燕京大学初创时期建造，见证了燕京大学建设的历史，有一定的历史价值；作为燕京大学重要的设备用房，是研究民国时期供电、供暖、供水情况的重要实例，有一定的研究价值；该建筑为钢筋混凝土结构的现代建筑，遵循建筑形式服从功能的原则，有一定的时代特征。

燕园老锅炉房全景

檐部

拱形屋顶

立面装饰

02 燕园方楼
BJ_HD_YY_0001_02

建筑类别	近现代公共建筑
年 代	1911～1949年
建筑层数	5层
建筑结构	砖混结构
公布批次	第一批

■ 建筑概况

　　燕园方楼位于未名湖畔，博雅塔东南。有关方楼的历史，目前尚未查到文字记录，北京大学老教师介绍其或为1942～1945年日本人占领燕京大学期间修建，用途未有定论。

　　燕园方楼，地上5层，平面呈方形，南北稍长，砖混结构。歇山屋顶，墙体向内收分，下层墙体较厚，上层较薄，一至四层青砖墙体，四层顶有混凝土板，五层为砖柱、钢筋混凝土梁架承托屋顶，南北两侧中央各有一根青砖扶壁柱直达五层，东、西两侧中部各有两根青砖扶壁柱直达五层。主入口向西，位于两根扶壁柱间，每层开平拱砖过梁窗，一至四层窗洞从大到小富有韵律，五层窗为钢筋混凝土过梁，开大窗。屋架为钢筋混凝土结构，混凝土仿木椽，屋面为歇山顶形式，灰机瓦屋面，西式筒瓦脊。

燕园方楼全景

檐部

西立面

青砖扶壁柱

窗户装饰

燕东园历史建筑群

　　燕东园在北京大学校园东边，也被人们称为"东大地"，由东、西两个大院组成。现在燕东园面积8.8公顷，是北京大学教职员工的宿舍区，除19座公寓楼房外，还有12座老燕东园留存下的小洋楼。

　　燕东园内的小洋楼为20世纪20年代燕京大学时期与燕南园同期所建，建筑同样采用的是美国城郊别墅的模式：庭院宽敞，花木繁茂，屋内的设施与燕南园一致，装修所用的木料无论地板、楼梯还是窗台、窗框均使用从美国运来的红松。燕东园的别墅小楼均为灰色，边墙用灰砖砌成，屋顶用青石片铺盖，楼型各不相同，有平房也有2层楼房，平房只住一户人家，而楼房住两户，一层一户，各户都有独立出入口，互不影响。小楼一般每层有3～5个

睡房，在一楼还有一套独立进出的佣人房，最小的一栋单层也有150平方米。

　　在燕京大学时期，一些在任的学者，如胡适、顾颉刚、郑振铎、张东荪、陆志韦、容庚、洪煨莲、刘廷芳、赵紫宸、许地山等，大多都曾在燕东园居住过。在北京大学时期任教的学者、教授，如赵乃抟、俞大纲、洪谦、赵以炳、张景钺、翦伯赞等也都曾在燕东园生活过。

　　该建筑群内建筑为燕京大学和北京大学学者、教授的居所，反映了20世纪初北京近代建筑呈现出的"洋风"建筑潮流，为北京近代住宅建筑史提供了难得的实物资料，具有一定的历史价值；建筑造型和装饰呈现简约风格，建造技术体现时代特征，具有一定的艺术和科学价值。

历史建筑清单

历史建筑名称	历史建筑编号	历史建筑名称	历史建筑编号
燕东园21号楼	BJ_HD_YY_0002_01	燕东园33号楼	BJ_HD_YY_0002_10
燕东园22号楼	BJ_HD_YY_0002_02	燕东园34号楼	BJ_HD_YY_0002_11
燕东园23号楼	BJ_HD_YY_0002_03	燕东园35号楼	BJ_HD_YY_0002_12
燕东园24号楼	BJ_HD_YY_0002_04	燕东园36号楼	BJ_HD_YY_0002_13
燕东园25号楼	BJ_HD_YY_0002_05	燕东园37号楼	BJ_HD_YY_0002_14
燕东园28号楼	BJ_HD_YY_0002_06	燕东园39号楼	BJ_HD_YY_0002_15
燕东园30号楼	BJ_HD_YY_0002_07	燕东园40号楼	BJ_HD_YY_0002_16
燕东园31号楼	BJ_HD_YY_0002_08	燕东园41号楼	BJ_HD_YY_0002_17
燕东园32号楼	BJ_HD_YY_0002_09	燕东园42号楼	BJ_HD_YY_0002_18

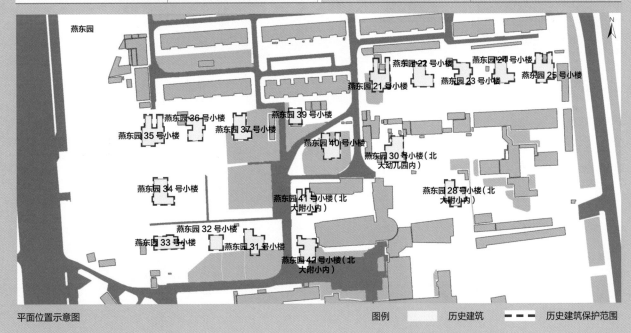

平面位置示意图　　　　　图例　▢ 历史建筑　- - - 历史建筑保护范围

01 燕东园22号楼

BJ_HD_YY_0002_02

建筑类别	居住小区
年 代	1911～1949年
建筑层数	2层
建筑结构	砖木结构
公布批次	第一批

建筑概况

燕东园22号楼建于20世纪20年代，诗人、翻译家冯至曾在此居住，冯至曾任北京大学西语系教授。现为私人居所。

燕东园22号楼位于燕东园北侧东部，为典型的美式别墅住宅，平面近似长方形，砖木结构，地上2层，有阁楼。主入口向西，前出砖柱、西式木屋架单坡雨搭，门前为小院，东立面南侧一层向外突出一部分。青砖墙体，西式木屋架，外墙刷灰色涂料，弓形拱砖过梁窗，现代直窗椋木窗漆红。主体折坡屋面，现为彩钢板屋面，屋顶出檐深远，木椽漆红清晰地外露于檐下，每层外凸一条斗砖装饰线。正面转角砖柱及大门上方装饰有外凸条石及斗砖，象征简化后的西洋柱式。小院内树木参天，绿植环绕，环境恬适、幽静。

燕东园22号楼全景

东立面

木构件及柱头　　　　门口装饰

02 燕东园23号楼
BJ_HD_YY_0002_03

建筑类别	居住小区
年　代	1911～1949年
建筑层数	2层
建筑结构	砖木结构
公布批次	第一批

建筑概况

燕东园23号楼建于20世纪20年代，中国半导体专家、中国集成电路发展的引领者之一、航天微电子与微计算机技术的奠基人之一黄敞曾在此居住。现为私人居所。

燕东园23号楼位于燕东园北侧东部，为典型的美式别墅住宅，平面近似长方形，西侧中部凹进一部分，将小楼大致分为南北两部分，砖木结构，地上2层，有阁楼。主入口向南，青砖墙体，西式木屋架，外墙刷灰色涂料，弓形拱砖过梁窗，现代直窗棂木窗漆红。南侧部分四坡脊屋顶，北侧部分人字坡屋顶，西坡较长，现为石棉瓦瓦面，屋顶出檐深远，木椽漆红清晰地外露于檐下，每层外凸一条斗砖装饰线。正面转角砖柱及大门上方装饰有外凸条石及斗砖，象征简化后的西洋柱式。

燕东园23号楼全景

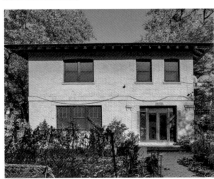

南立面

木构件

弧拱砖券

03 燕东园33号楼

BJ_HD_YY_0002_10

建筑类别	居住小区
年 代	1911～1949年
建筑层数	2层
建筑结构	砖木结构
公布批次	第一批

建筑概况

燕东园33号楼建于20世纪20年代，历史学家、北京大学教授杨人楩曾在此居住。现为北京大学战略研究所。

燕东园33号楼位于燕东园西南角，为典型的美式别墅住宅，平面近似长方形，砖木结构，地上2层，有阁楼。主入口向北，西立面前出山花墙面，东立面入口处前出砖柱、西式木屋架单坡雨搭，主入口位于北侧，青砖半圆拱门，门前为小院。青砖墙体，西式木屋架，外墙刷灰色涂料，弓形拱砖过梁窗，现代直窗棂木窗漆红。主体折坡屋面，局部结合人字坡顶，现为石棉瓦瓦面，屋顶出檐深远，木椽漆红清晰地外露于檐下，每层外凸一条斗砖装饰线。正面转角砖柱及大门上方装饰有外凸条石及斗砖，象征简化后的西洋柱式。小院内树木参天，绿植环绕，环境恬适、幽静。

燕东园33号楼全景

北立面

木构件

弧拱砖券

04 燕东园35号楼
BJ_HD_YY_0002_12

建筑类别	居住小区
年　代	1911～1949年
建筑层数	2层
建筑结构	砖木结构
公布批次	第一批

建筑概况

燕东园35号楼建于20世纪20年代，古文字学家、金文专家容庚（1894～1983年）曾在此居住。新中国成立后，35号楼的主人是北京大学严仁赓教授。严仁赓曾任北京大学教务长、校长助理，与夫人叶逸芬都在经济系任教。目前由北京大学互联网发展研究中心使用。

燕东园35号楼位于燕东园西北角，为典型的美式田园风别墅，平面近似"凹"字形，砖木结构，地上1层，有阁楼。主入口面南，门前为开阔地。南、西前出山花墙面，北侧前出两路建筑，半围合成后庭院。青砖墙体，木屋架，外墙刷灰色涂料，弓形拱砖过梁窗，窗棂改用现代材料。主体四坡屋顶，结合人字坡及多折坡屋面，南、北、西三侧阁楼上各开一个带四坡顶屋檐的方形老虎窗，瓦面后改为蓝色树脂瓦。屋顶出檐很深，木椽清晰地外露于檐下，屋檐下外凸一条斗砖装饰线。正面转角砖柱及大门上方装饰有外凸条石及斗砖，象征简化后的西洋柱式。

燕东园35号楼全景

西立面

老虎窗

窗户及立面装饰

05 燕东园36号楼
BJ_HD_YY_0002_13

建筑类别	居住小区
年　代	1911～1949年
建筑层数	2层
建筑结构	砖木结构
公布批次	第一批

建筑概况

燕东园36号楼建于20世纪20年代，生理学家、教育家赵以炳曾在此居住。现为私人居所。

燕东园36号楼位于燕东园西北，为典型的美式别墅住宅，平面近似长方形，西侧中部凹进一部分，将小楼大致分为南、北两部分，砖木结构，地上2层，有阁楼。主入口向南，青砖墙体，西式木屋架，外墙刷灰色涂料，弓形拱砖过梁窗，现代直窗桭木窗漆红。南侧部分四坡脊屋顶，北侧部分人字坡屋顶，西坡较长，现为石棉瓦瓦面，屋顶出檐深远，木椽漆红清晰地外露于檐下，每层外凸一条斗砖装饰线。正面转角砖柱及大门上方装饰有外凸条石及斗砖，象征简化后的西洋柱式。小院内树木参天，绿植环绕，环境恬适、幽静。与燕东园23号楼建筑基本一致。

燕东园36号楼全景

木构件

入口

扶壁

06 燕东园37号楼
BJ_HD_YY_0002_14

建筑类别	居住小区
年　代	1911～1949年
建筑层数	2层
建筑结构	砖木结构
公布批次	第一批

建筑概况

燕东园37号楼建于20世纪20年代，现代作家、文艺理论家杨晦曾在此居住。杨晦曾长期担任北京大学中文系系主任。现为私人居所。

燕东园37号楼位于燕东园西北，为典型的美式别墅住宅，平面近似长方形，砖木结构，地上2层，有阁楼。主入口向西，入口处有混凝土挑檐雨搭，东立面南侧前出人字坡山花墙面，门前为小院。青砖墙体，西式木屋架，外墙刷灰色涂料，弓形拱砖过梁窗，现代直窗桭木窗漆红，局部钢筋混凝土过梁窗。主体四坡脊屋面，局部结合人字坡顶，现为灰机瓦屋面，屋顶出檐深远，木椽漆红清晰地外露于檐下，每层外凸一条斗砖装饰线。小院内树木参天，绿植环绕，环境恬适、幽静。

燕东园37号楼全景

门口装饰

木构件

檐部

燕南园历史建筑群

  燕南园因位于燕园的南部而得名，占地48亩（3.2公顷），主要作为当时燕京大学外籍教师的住宅，按照当时所有中外教师住宅的编号顺序，燕南园的住宅被定为51～66号（后加建了50号），这一编号从燕大到北大，一直没有变更。今天，在某些宅院的门口，还能看到黑底白字的木门牌。燕南园采用的是美国城郊庭院别墅的模式，多为2层小楼，楼梯设在屋内，附带一个小花园，除泥石砖瓦取自当地，其他建材多由国外运来。门扇窗框用的是上好的红松，精美的门把手全由黄铜制成，房间里铺设打蜡地板，屋角有典雅的壁炉，上下两层楼各有独立的卫生间，卫生间里冷热水分路供应，每座住宅还有独立的锅炉房以供冬季取暖，家家门前屋后有一个宽敞的庭院，花草繁茂。燕南园"小洋楼"的豪华当时名贯京城，此后几十年内都鲜有教师住房可与之媲美。

  曾经居住在这里的中国教授对中国的政治、历史、科学、哲学等方面产生了深远的影响。著名学者洪业、江泽涵、周培源、饶毓泰、褚圣麟、马寅初、陈岱孙、冯友兰、汤用彤、冯定、张龙翔、黄子卿、王力、林焘、朱光潜、沈同、林庚、侯仁之，以及冰心和吴文藻夫妇等都曾生活在燕南园。

  燕南园在历史上多为著名学者的居所，具有一定的历史价值。建造形式反映出20世纪初北京近代建筑呈现出的"洋风"建筑潮流，为北京近代住宅建筑史提供了难得的实物资料。

历史建筑清单

历史建筑名称	历史建筑编号	历史建筑名称	历史建筑编号
燕南园50号楼	BJ_HD_YY_0003_01	燕南园59号楼	BJ_HD_YY_0003_10
燕南园51号楼	BJ_HD_YY_0003_02	燕南园60号楼	BJ_HD_YY_0003_11
燕南园52号楼	BJ_HD_YY_0003_03	燕南园61号楼	BJ_HD_YY_0003_12
燕南园53号楼	BJ_HD_YY_0003_04	燕南园62号楼	BJ_HD_YY_0003_13
燕南园54号楼	BJ_HD_YY_0003_05	燕南园63号楼	BJ_HD_YY_0003_14
燕南园55号楼	BJ_HD_YY_0003_06	燕南园64号楼	BJ_HD_YY_0003_15
燕南园56号楼	BJ_HD_YY_0003_07	燕南园65号楼	BJ_HD_YY_0003_16
燕南园57号楼	BJ_HD_YY_0003_08	燕南园66号楼	BJ_HD_YY_0003_17
燕南园58号楼	BJ_HD_YY_0003_09		

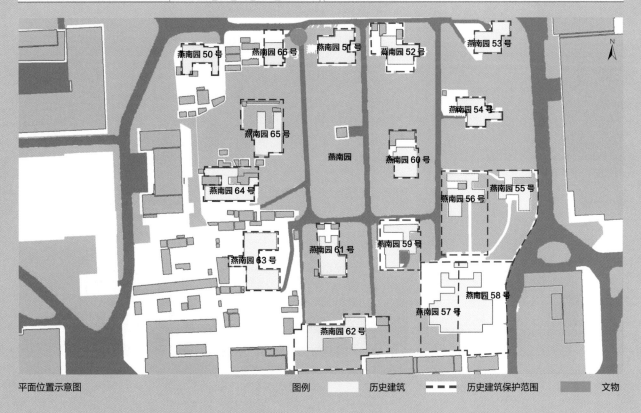

平面位置示意图   图例   历史建筑   ▬▬▬ 历史建筑保护范围   文物

01 燕南园51号楼

BJ_HD_YY_0003_02

建筑类别	居住小区
年　代	1911～1949年
建筑层数	2层
建筑结构	砖木结构
公布批次	第一批

建筑概况

燕南园51号楼建于20世纪20年代，物理学家、教育家饶毓泰曾在此居住。饶毓泰是中国近代物理学奠基人之一，长期担任北京大学物理系主任。后来数学家江泽涵入住。江泽涵曾长期担任北京大学数学系主任，1955年起任中国科学院数理学部委员。燕南园51号现为北京大学文化产业研究院。

燕南园51号楼位于燕南园北侧中部，美式庭院别墅，地上2层，地下1层，砖木结构。建筑坐北朝南，前有庭院，建筑门前，门廊与矮墙围合成小院，青砖铺地，花岗石台阶，青砖矮墙，花岗石材压顶。建筑入口处前出一步平顶门廊，砖柱承重，三面青砖起弓形拱门洞。建筑平面大致呈方形，南侧为折坡顶二层板楼，北侧局部长坡屋面至一层，局部二层为露台。青砖墙体，每层饰一层青砖斗砌线脚，青砖起弓形拱过梁窗，局部钢筋混凝土过梁窗、直棂木门窗，局部门窗两侧置西式壁灯，墙体转角处有仿壁柱简化柱头装饰，西式木屋架，木椽露明漆红，出檐深远，檐口有绿色铁皮檐沟及雨落管，折坡、长坡组合屋面，红机瓦屋面，南北两侧屋面各开两个三角顶老虎窗。

该建筑作为别墅，体量较大，整体风格较为稳重，色调和谐沉稳，透出朴素、典雅之美，建造技术体现时代特征，具有一定的艺术和科学价值。

燕南园51号楼全景

入口

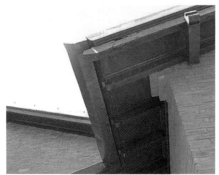
木构件

老虎窗

屋顶

02 燕南园52号楼

BJ_HD_YY_0003_03

建筑概况

　　燕南园52号楼建于20世纪20年代，中国物理化学家、教育家黄子卿曾在此居住，语言学家林焘、经济学家罗志如也曾居住于此。现为北京大学视觉与图像研究中心等机构单位。

　　燕南园52号楼位于燕南园北侧中部，美式庭院双拼别墅，2层，砖木结构。建筑坐北朝南，前有庭院，入口门廊与矮墙围合成门前小院，青砖铺地，花岗石台阶，青砖矮墙，花岗石材压顶。入口门廊位于南立面中部，砖柱钢筋混凝土过梁，门廊顶部作为二层露台，砖柱顶饰简化柱头，入口处两门并立，东西两侧为两户，组成双拼别墅布局。东侧住宅平面较为规整，西侧住宅北侧突出并向西侧延伸一段，屋顶后坡延长，长坡屋面至一层。青砖墙体，每层饰一层青砖斗砌线脚，青砖起弓形拱过梁窗，直棂木门窗，西式木屋架，木椽露明漆红，出檐深远，檐口有绿色铁皮檐沟及雨落管，折坡、长坡组合屋面，红机瓦屋面。

　　该建筑是中国知名学者曾经的居所，建筑造型优美，呈现出"洋风"特色，色彩典雅、和谐，建造技术体现时代特征，具有一定的艺术和科学价值。

建筑类别	居住小区
年　代	1911～1949年
建筑层数	2层
建筑结构	砖木结构
公布批次	第一批

燕南园52号楼全景

屋檐木构件

屋顶

弧拱窗券

03 燕南园53号楼
BJ_HD_YY_0003_04

建筑类别	居住小区
年　代	1911～1949年
建筑层数	2层
建筑结构	砖木结构
公布批次	第一批

建筑概况

燕南园53号楼建于20世纪20年代，我国历史学家齐思和曾在此居住。齐思和曾任燕京大学历史系主任、文学院院长、北京大学世界古代中世纪史教研室主任。现为北京大学党委统战部。

燕南园53号楼位于燕南园东北，美式庭院别墅，地上2层，地下1层，砖木结构。建筑坐北朝南，前有庭院，入口门廊与矮墙围合成门前小院，青砖铺地，花岗石台阶，青砖矮墙，花岗石材压顶。入口门廊位于南立面中部，砖柱钢筋混凝土过梁，门廊顶部作为二层露台，入口处两门并立。东侧北面突出，屋顶后坡延长，长坡屋面至一层。青砖墙体，每层饰一层青砖斗砌线脚，青砖起弓形拱过梁窗，直棂木门窗漆红，西式木屋架，木椽露明漆红，出檐深远，檐口有红色铁皮檐沟及落水管，折坡、长坡组合屋面，红机瓦屋面，南北两侧屋面各开3个平顶老虎窗。

该建筑整体风格典雅，色彩朴素，呈现出"洋风"别墅建筑的典型特征，具有一定的艺术和科学价值。

燕南园53号楼全景

老虎窗

屋顶

弧拱窗券

04 燕南园54号楼

BJ_HD_YY_0003_05

建筑类别	居住小区
年　代	1911～1949年
建筑层数	2层
建筑结构	砖木结构
公布批次	第一批

建筑概况

燕南园54号楼建于20世纪20年代，我国史学家、教育家洪业曾在此居住。洪业曾任燕京大学文理科学院教务长。

燕南园54号楼位于燕南园东侧中部，为二层美式别墅住宅，砖木结构。主入口向西临街，建筑东侧有庭院。西立面北侧前出山面，东立面中央前出山面南北对称，正交山墙，颇具古典主义意味。青砖墙体，每层饰一层青砖斗砌线脚，墙体转角处有仿壁柱简化柱头装饰，入口起半圆券青砖拱门，起弓形拱砖过梁窗，直棂木门窗漆红，西式木屋架，木椽露明漆红，出檐深远，檐口有红色铁皮檐沟及雨落管，折坡、人字坡组合屋面，石棉瓦瓦面。现状建筑有后期加建情况。

该建筑不同于燕南园其他建筑，或多或少有一些中式元素及其影响，燕南园54号楼整体风格较为纯粹，几乎无中式元素及其影响，为较典型的西式别墅，建筑年代也较早，色调和谐沉稳，东立面严格南北对称，透出古典之美，建造技术体现时代特征，具有一定的艺术和科学价值。

燕南园54号楼全景

屋檐木构件

门口装饰

弧拱窗券

05 燕南园55号楼
BJ_HD_YY_0003_06

建筑类别	居住小区
年　代	1911～1949年
建筑层数	1层
建筑结构	砖木结构
公布批次	第一批

燕南园55号楼全景

入口

屋檐

　　燕南园55号楼建于20世纪20年代，马克思主义哲学家冯定及经济学家、教育家陈岱孙均曾在此居住过。冯定曾任北京大学党委副书记、副校长。现为私人居所。

　　燕南园55号楼位于燕南园东侧中部，建筑为传统中式建筑，砖木结构。平面大致为二进院，一进正房与西厢房相连呈"L"形，建筑门前有小花园，四周有院墙，院墙上有套沙锅式花瓦芯。与56号楼对称布局。建筑为传统中式建筑，木构架，青砖墙体，卷棚硬山无垂脊布瓦筒瓦屋面。青砖台明，花岗角柱石，阶条石压面，前廊地面尺四方砖十字错缝铺墁，青砖墙体淌白砌筑。后檐墙檐部三层檐，有砖椽，山墙及后檐墙开平拱砖过梁窗，木柱梁枋单披灰地仗红色油饰。简化步步锦心屉木格栅门窗漆红。

　　该建筑曾是北京大学学者、教授的居所，为中式传统样式建筑，为北京近代住宅建筑史提供了难得的实物资料，具有一定历史价值。

06 燕南园56号楼
BJ_HD_YY_0003_07

建筑类别	居住小区
年　代	1911～1949年
建筑层数	1层
建筑结构	砖木结构
公布批次	第一批

燕南园56号楼全景

门口装饰

台明

　　燕南园56号楼建于20世纪20年代，流体力学家、理论物理学家、教育家、社会活动家、中国科学院院士周培源曾在此居住，曾任北京大学校长。现为北京大学美学与美育研究中心。

　　燕南园56号楼位于燕南园东侧中部，建筑为传统中式建筑，砖木结构。平面大致为二进院，一进正房与西厢房相连呈"L"形，建筑门前有小花园，四周有院墙，院墙上有套沙锅式花瓦芯。与55号楼对称布局。建筑为传统中式建筑，木构架，青砖墙体，卷棚硬山无垂脊布瓦筒瓦屋面。台明虎皮石墙，花岗角柱石，阶条石压面，前廊地面尺四方砖十字错缝铺墁，青砖墙体淌白砌筑。后檐墙檐部三层檐，有砖椽，山墙及后檐墙开平拱砖过梁窗，木柱梁枋单披灰地仗红色油饰，额枋、檐檩、垫板绘苏式包袱锦彩绘，梁头、椽飞头有彩绘，梁头绘花瓶、笔筒等彩绘。简化步步锦心屉木格栅门窗漆红。

　　该建筑是北京近代校园中较为典型的传统中式住宅建筑，建筑的彩绘精美，具有一定的历史和艺术价值。

北京大学近现代教学楼历史建筑群

北京大学近现代教学楼历史建筑群主要包括20世纪50年代建成的第一教学楼，以及20世纪80年代学校代表性建筑遥感楼和电化教学楼等建筑。

20世纪50年代，北京大学从沙滩红楼迁到燕园，校园扩建，此时兴建的第一教学楼和文史楼、老地学楼、哲学楼、老化学楼和老生物楼等围绕着图书馆的中轴线对称布置，都采用了大屋顶，继承"古典复兴"风格的教学区，延续了燕京大学以来的一致风格。

20世纪80年代，北京大学新建了一批现代化教学楼，像遥感楼、电化教学楼，是当时全北大设施最好的教学楼，配备了很多当时非常先进的多媒体设备，是燕园20世纪80年代末的代表性建筑。

历史建筑清单

历史建筑名称	历史建筑编号
北京大学第一教学楼	BJ_HD_YY_0004_01
北京大学遥感楼	BJ_HD_YY_0004_02
北京大学电化教学楼	BJ_HD_YY_0004_03

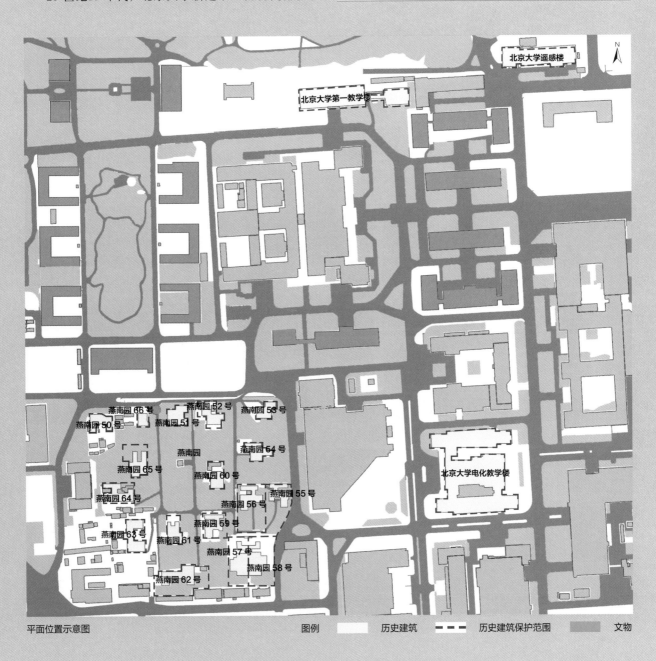

平面位置示意图　　　　　图例　　□ 历史建筑　　--- 历史建筑保护范围　　■ 文物

01 北京大学第一教学楼

BJ_HD_YY_0004_01

建筑类别	近现代公共建筑
年　代	1949～1979年
建筑层数	3层
建筑结构	钢筋混凝土结构
公布批次	第一批

建筑概况

1952年，北京大学从沙滩红楼迁到燕园，老北大演变成新北大，校园扩建也随之展开，第一教学楼即建于此时期（20世纪50年代），与南侧的哲学楼构成中心对称的平面布局方式。目前仍作为教学楼使用。

建筑地上3层，钢筋混凝土结构，青砖墙体，仿古歇山顶大屋顶建筑。主入口向南，位于南立面中部，前出三开间雨搭，混凝土柱漆红，雨搭为二层露台，混凝土仿古栏杆栏板。水刷石台基，清水青砖墙体，柱间开大窗，一层顶部饰一圈水刷石腰线，三层窗下海棠芯水刷石饰面，檐部混凝土梁枋，柱间饰三朵一斗三升斗栱，并绘描金彩绘，檐部椽飞绘描金彩绘，布瓦筒瓦屋面，布瓦正脊，两端饰鸱吻，垂脊坐七小兽。

第一教学楼是20世纪50年代北京大学迁到燕园后的第一批校园扩建建筑。建筑采用了大屋顶、灰色清水砖和简单的檐部装饰风格，延续了燕京大学建筑古典复兴主义的风格，具有较强的时代特色，有一定的历史、艺术和科学价值。

北京大学第一教学楼全景

角梁等木构件

博风板

走廊

入口装饰

02 北京大学遥感楼

BJ_HD_YY_0004_02

建筑类别	近现代公共建筑
年　代	1980年以后
建筑层数	5层
建筑结构	钢筋混凝土结构
公布批次	第一批

建筑概况

北京大学遥感楼建成于1984年，是我国第一栋以遥感冠名的科研楼，也是燕园20世纪80年代初的代表性建筑之一。遥感楼自建成至今均为北京大学遥感与地理信息系统研究所（前身是北京大学遥感技术应用研究所）的办公科研场所。

遥感楼位于博雅塔的南侧，靠近北部的东侧门，建筑坐北朝南，地上4层，局部5层，钢筋混凝土结构现代建筑，南立面西侧及中部各有一个主入口，入口处有混凝土挑板雨搭，表面饰淡绿色水刷石。建筑西侧为5层，东侧为4层，立面分隔成两个方形体块，混凝土柱竖向分隔体块，富有韵律，柱间开窗。灰白色水刷石饰面，窗下饰淡绿色水刷石，外墙布满藤蔓植物。

北京大学遥感楼有着苏联式现代建筑的风格特征，体现了时代风潮。遥感楼见证了数十年间学者们的探索与奋斗，对于北大人而言具有重要的纪念意义，有一定的历史价值。遥感楼建筑是典型的现代主义建筑，有一定的艺术和科学价值。

北京大学遥感楼全景

入口

连续窗

立面框架

03 北京大学电化教学楼

BJ_HD_YY_0004_03

建筑类别	近现代公共建筑
年　代	1980年以后
建筑层数	5层
建筑结构	钢筋混凝土结构
公布批次	第一批

建筑概况

电化教学楼建于20世纪80年代，在当时曾是全北京大学中设施最好的教学楼，配备了很多当时非常先进的多媒体设备，也是燕园20世纪80年代末的代表性建筑。建成后一段时间，电化教学楼报告大厅以其400个座位的规模成为北大校内最大的报告厅。当时北大的重大活动、报告都会优先选在此举行。韩国前总统金泳三、意大利前总统斯卡尔法罗等政要，以及国学大师季羡林等学者，都在电化教学楼报告厅作过报告。

电化教学楼建成于1988年，建筑地上4层，局部5层，钢筋混凝土结构，典型的现代主义建筑。建筑坐东朝西，平面呈"E"字形，南北两楼为4层，中部为报告厅，中部前厅为5层，立面为典型的现代主义"方盒子"建筑，混凝土柱将立面竖向分隔，柱间开带形窗，外刷淡黄色涂料，外墙爬满爬山虎，富有历史感。

电化教学楼承载了北京大学发展时期的重要历史记忆，具有一定的历史价值；典型的现代主义风格建筑反映了时代风潮，具有一定的科学与艺术价值。

北京大学电化教学楼全景

现代主义规则化立面装饰及入口装饰

楼梯

立面植被装饰

北京大学南门宿舍楼历史建筑群

此区域的历史建筑主要为20世纪50年代建设的南门宿舍楼群。

20世纪50年代，以莫斯科大学为代表的苏联大学建设模式深深影响了全国高校的建设，所以此时期新建的北京大学校园南部建设风格是"中苏结合"，南部宿舍区基本采用了典型的苏联网格形设计模式。南门宿舍楼群主要包括16～27号楼。1952年建成的16号院（包括16号、17号、18号楼）已拆除，1952年建成的19号院（包括19号、20号、21号楼）和1954年建成的22号院（包括22号、23号、24号楼）。1954年建成的25号、26号、27号楼已改造为科学教研楼。

19～21号楼为1952年建成，22～24号楼为1954年建成，先是作为中文系教师单身宿舍，后地理系、生物系、环能学院等教师也曾作宿舍使用。

南门片区的宿舍楼群承载了许多老教授、学生的记忆，教师们在筒子楼成家立业，学生把这里作为北大记忆的起点（2012年前，北大新生开学时均在南门区域报到）。这里见证了北大迁入燕园后的重要发展时期。

该建筑群内的建筑为新中国成立早期北京大学教师的单身宿舍，承载了很多老北大人的情感，承载了许多学者、教授的记忆。其所在的南门片区建设，见证了20世纪50~70年代北大迁入燕园后的校园发展，有一定历史意义及时代特征。

该建筑群内的建筑建造精美，屋顶基本为传统中式做法，造型优美，与现代筒子楼建筑相互融合，和谐美观，为当时具有代表性的大屋顶建筑，体现时代特征，具有一定的艺术和科学价值。

历史建筑清单

历史建筑名称	历史建筑编号
北京大学19号楼	BJ_HD_YY_0005_01
北京大学20号楼	BJ_HD_YY_0005_02
北京大学21号楼	BJ_HD_YY_0005_03
北京大学22号楼	BJ_HD_YY_0005_04
北京大学23号楼	BJ_HD_YY_0005_05
北京大学24号楼	BJ_HD_YY_0005_06

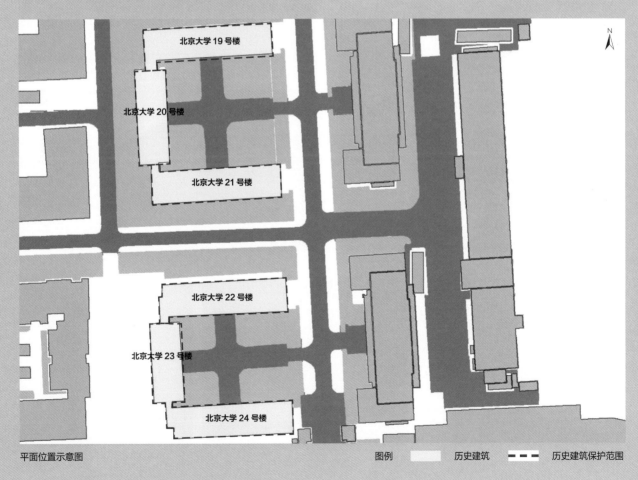

平面位置示意图

图例 ▢ 历史建筑　▬ ▬ ▬ 历史建筑保护范围

01 北京大学19号楼

BJ_HD_YY_0005_01

建筑类别	近现代公共建筑
年 代	1949~1979年
建筑层数	3层
建筑结构	砖混结构
公布批次	第一批

建筑概况

北京大学19号楼位于北京大学南部，建成于1952年，主要作为北京大学中文系教师的单身宿舍，现为教学科研办公用房。在此居住过的中文系知名教授多达20余位，如段宝林、严家炎、杨必胜、张少康等。

19号、20号、21号楼三栋建筑围合成"U"形，三栋楼以连廊连接。19号楼为3层砖混筒子楼，楼内中间为过道，两侧则是十几平方米的房间。墙体由青砖一顺一丁砌筑，下碱墙水泥砂浆抹面，划水泥方格，混凝土过梁窗，青砖斗砌窗台，漆红木窗，木屋架，仿古卷棚硬山顶，屋顶饰垂脊，筒瓦布瓦披水，墀头、博风砖。入口雨搭建成仿四合院大门形式，青砖墙体、墀头、博风砖、灰机瓦坡屋顶。唐山大地震后，为加强抗震性，四周加设钢筋混凝土构造柱、圈梁。

西立面

南立面

北京大学19号楼全景

入口

屋檐

连廊

02 北京大学20号楼
BJ_HD_YY_0005_02

建筑类别	近现代公共建筑
年　代	1949～1979年
建筑层数	3层
建筑结构	砖混结构
公布批次	第一批

建筑概况

北京大学20号楼位于北京大学南部，建成于1952年，主要作为北京大学中文系教师的单身宿舍，现为教学科研办公用房。在此居住过的知名教授有安平秋、严绍璗等。

19号、20号、21号楼三栋建筑围合成"U"形，三栋楼以连廊连接。20号楼为3层砖混筒子楼，相比19、20号楼更高，楼内中间为过道，两侧则是十几平方米的房间。屋顶为木屋架，仿古卷棚硬山顶，屋顶饰垂脊，屋面筒瓦布瓦披水，布置有博风砖，屋脊上有墀头。墙面整体为清水青砖墙，一顺一丁砌筑，下碱墙为水泥砂浆抹面，上面划水泥方格。混凝土过梁窗，青砖斗砌窗台，漆红木窗。入口雨搭建成仿四合院大门形式，青砖墙体、墀头、博风砖、灰机瓦坡屋顶。

北京大学20号楼全景

雨搭

屋檐

立面装饰

03 北京大学21号楼

BJ_HD_YY_0005_03

建筑类别	近现代公共建筑
年 代	1949~1979年
建筑层数	3层
建筑结构	砖混结构
公布批次	第一批

建筑概况

北京大学21号楼位于北京大学南部，建成于1952年，主要作为北京大学教师的单身宿舍，现为教学科研办公用房。在此居住过北京大学原党委书记朱善璐，知名教授钱理群、钟元凯、曹文轩等十余位。

19号、20号、21号楼三栋建筑围合成"U"形，三栋楼以连廊连接，形成中国传统三合院形式。21号楼为3层砖混筒子楼，楼内中间为过道，两侧则是十几平方米的房间。墙体由青砖墙一顺一丁砌筑，下碱墙水泥砂浆抹面，划水泥方格，混凝土过梁窗，青砖斗砌窗台，漆红木窗，木屋架，仿古卷棚硬山顶，屋顶饰垂脊，筒瓦布瓦披水、墀头、博风砖。入口雨搭建成仿四合院大门形式，青砖墙体、墀头、博风砖、灰机瓦坡屋顶。

北京大学21号楼全景

北立面

连廊

雨搭

04 北京大学22号楼

BJ_HD_YY_0005_04

建筑类别	近现代公共建筑
年 代	1949～1979年
建筑层数	3层
建筑结构	砖混结构
公布批次	第一批

建筑概况

北京大学22号楼位于北京大学南部，建筑主要是以"中苏结合"风格为主。此楼建于1954年，曾作为北京大学教师生物系、地质地理系教师的单身宿舍。潘文石、周一星、胡兆量、黄润华等教授曾在此居住。

22号楼与23号、24号楼一起采用中国传统三合院形式成组设计。与北侧19号、20号、21号楼布局基本相同，建筑风格更偏向中式，建筑屋顶、檐部中式做法更为考究。22号楼为3层砖混筒子楼，楼内中间为过道，两侧则是十几平方米的房间。墙体由青砖一顺一丁砌筑，下碱墙水泥砂浆抹面，混凝土过梁窗，青砖斗砌窗台水泥抹面，漆红木门窗，钢筋混凝土屋架，传统中式硬山顶，布瓦筒瓦屋面，布瓦正脊两端塑鸱吻，垂脊饰鸱吻，筒瓦布瓦披水、墀头、博风砖、花岗石双层挑檐石，檐部木椽、连檐、瓦口漆红、木望板。入口雨搭建成仿四合院大门形式，青砖墙体、墀头、博风砖、筒瓦布瓦屋面。两山面位置有装饰屋檐，下部入口为混凝土半圆拱门，二层设计海棠芯栏板望柱栏杆。

北京大学22号楼全景

南立面

东立面

立面装饰

入口装饰

木构件

05 北京大学23号楼

BJ_HD_YY_0005_05

建筑概况

北京大学23号楼位于北京大学南部，建筑主要是以"中苏结合"风格为主。建于1954年，主要作为北京大学教师的单身宿舍。在此居住过的知名教授有陈松岑、袁行霈、杨贺松等。

22号、23号、24号楼三栋建筑围合成"U"形，三栋楼以连廊连接，形成中国传统三合院形式。23号楼为3层砖混筒子楼，楼内中间为过道，两侧则是十几平方米的房间。建筑为钢筋混凝土屋架，传统中式硬山顶，布瓦筒瓦屋面，布瓦正脊两端塑鸱吻，垂脊饰鸱吻，筒瓦布瓦披水、墀头、博风砖、花岗石双层挑檐石，檐部木椽、连檐、瓦口漆红，木望板。墙体整体为清水青砖墙，一顺一丁砌筑，下碱墙水泥砂浆抹面。立面混凝土过梁窗，青砖斗砌窗台水泥抹面，漆红木门窗，入口雨搭建成仿四合院大门形式，青砖墙体、墀头、博风砖、筒瓦布瓦屋面。两个山墙面的三层位置设计有仿古的装饰屋檐，二层位置设计有海棠芯栏板望柱栏杆，入口处为混凝土半圆拱门。

建筑类别	近现代公共建筑
年 代	1949～1979年
建筑层数	3层
建筑结构	砖混结构
公布批次	第一批

北京大学23号楼全景

东立面

立面装饰

屋檐

木构件

雨搭

中关村特楼历史建筑群

1952年北京大学、燕京大学、清华大学联合成立三校建筑委员会，在科学院用地范围内修建教职工宿舍，先后盖起公寓楼和连片平房，这一片宿舍区后被称为"中关园"。

1953年中关村社区在行政区划上归属海淀区保福寺乡，乡政府由保福寺西庙迁入东庙。保福寺乡后于1956年并入新设的大钟寺乡。1957年划归北太平庄街道办事处管辖。

1954年宿舍区14号、15号楼建成，中关村幼儿园成立。

1955年宿舍区15号楼建成，后来随着宿舍楼的迅速增加，形成了以13号、14号、15号楼"特楼"为中心的北区宿舍区。

1956年建成福利楼，中关村餐厅和书亭先后在此开业，邮电所在17楼办公。

1957年中关村大兴土木，在原有基础上北区向东扩展，随着新建研究所的布局形成南区的生活服务设施和宿舍楼群。在福利楼开设中关村茶点部。

1958年5月，中科院图书馆成立西郊服务站，外文书亭开业地点设在中关村福利楼内。同年9月中关村礼堂开工，年底竣工，俗称"四不要"礼堂。

1961年中关村街道正式成立。

1975年扩建科学院幼儿园，北区为第一幼儿园，南区为第三幼儿园。

1976年唐山大地震后，对宿舍区楼体进行抗震加固。

1977～1983年，修建了大批住宅。

1978年中关村礼堂（"四不要"礼堂）拆除重建。

中关村特楼是20世纪50年代初中科院选址中关村后，为解决科研人员居住问题建设的第一批住宅楼。当时居住区建设尚属起步阶段，在西方"邻里单位"等理论的影响下，建筑以行列式布局为主。建筑功能类型包括民用住宅建筑、公共服务建筑、文化教育建筑等。建筑风格为苏联风格建筑和中国现代特色建筑。

中关村特楼居住过大量中科院的科学家，其中13号、14号、15号"特楼"更是大量科学家的故居。"特楼"因其内部条件和外部环境最好，以安置海外归来的学者和国内自然人文学各学科领域的知名科学家居住。3座楼整体朝南呈"П"形分布，处于社区轴线中心，14号楼最早落成，呈"一"字形，13和15号楼分立于其两侧，平面呈"L"形，14号楼楼前布置圆形小花园。特楼的共同特点是面积较大，每户房间较多，有带浴盆的卫生间和设备齐全的厨房。户型多为三居室或四居室，面积为100平方米以上，每栋3层，共48套住宅，先后共有39位两院院士在此居住，是当时全国首屈一指的人才荟萃府第，在那个年代，"特楼"前还有荷枪的解放军战士站岗，驻有一个装备精良的警卫战士班，彰显了"特楼"的分量。

"特楼"作为科学家的故居，在此居住的多是中国某个学科的奠基人，可谓是中国现代科学事业的发祥地，记载着中国的科学发展史，对祖国有重大贡献。

历史建筑清单

历史建筑名称	历史建筑编号
中关村13号楼	BJ_HD_ZGC_0001_09
中关村14号楼	BJ_HD_ZGC_0001_10
中关村15号楼	BJ_HD_ZGC_0001_11

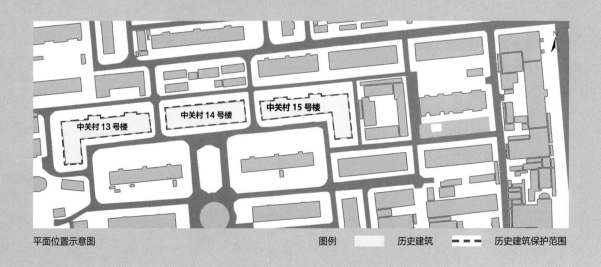

平面位置示意图　　　　　图例　▢ 历史建筑　▦▦▦ 历史建筑保护范围

01 中关村13号楼

BJ_HD_ZGC_0001_09

建筑类别	居住小区
年　代	1949～1979年
建筑层数	3层
建筑结构	砖混结构
公布批次	第一批

建筑概况

中关村13号楼建于1955年，是一座苏联风格3层坡顶灰砖楼房，砖混结构，英式砌砖。位于社区中轴线以西，与14号楼相邻。13号楼是"特楼"中建造最晚的一栋，为中科院高级研究员的高档住宅楼，因此在此居住的多为1956年响应国家"向科学进军"号召的海外归国科学家，如屠善澄、郭永怀、杨嘉墀、顾准等。

楼体坐西朝东，呈倒"L"形布局，共有3个单元，一单元主入口面西，二、三单元主入口面南。一楼有辅门在楼体北侧。楼体外围有唐山大地震后加建的防震加固横竖外梁。四坡脊屋顶，灰色机瓦，屋顶南坡面有三角顶老虎窗、北坡面有矩形烟囱。建筑朝南、北、西面有半封闭式凸阳台，阳台围栏为寻杖栏杆。房间窗户为平开窗，楼道间窗户为红色木质中悬窗。13号楼前原有一片桃林，后因建设宿舍楼已不见。

13号楼作为记录中国科学先驱们的历史实物见证，具有特殊的历史意义和社会价值。

中关村13号楼全景

东立面

屋顶及檐部

立面装饰

02 中关村14号楼
BJ_HD_ZGC_0001_10

建筑类别	居住小区
年　代	1949～1979年
建筑层数	3层
建筑结构	砖混结构
公布批次	第一批

中关村14号楼建于1954年，是一座苏联风格3层灰砖楼房，砖混结构，英式砌砖。位于社区中轴线正中位置。与13号楼相距15米左右，与15号楼相距20米左右，是"特楼"中建造最早的一栋，也是规格最高的一栋，为中科院科学家的住宅楼，在此居住过的科学先驱们有钱学森、钱三强、邓叔群、贝时璋、赵忠尧、罗常培等。

中关村14号楼共有3个单元，单元入口面南。四坡脊屋顶，灰色机瓦，屋顶南坡面有三角顶老虎窗、北坡面有矩形烟囱。房檐部饰有回纹图案。楼体外围有唐山大地震后加建的防震加固横竖外梁。建筑朝南、北面均有半封闭式凸阳台，南面阳台门窗格心有工字样式棂花，悬挑板下绘有深红色回纹纹样，阳台围栏为寻杖栏杆。北面阳台为拱形木门，一层有后门，门上有套方锦样式棂花。楼梯扶手为红色木质扶手，楼道内有套方锦样式围栏，走廊铺有红色木质地板。房间窗户为平开窗，楼内部客厅、卧室和厨房一字排开，相对而立，为"特楼"中楼房间最大最好的一栋。

14号楼处在社区最核心的中心位置，在建筑形式、内部空间上都具有重要的历史价值。

中关村14号楼全景

西立面

楼梯

檐部装饰

露台

03 中关村15号楼
BJ_HD_ZGC_0001_11

建筑概况

中关村15号楼建于1954年，是一座苏联风格3层灰砖楼房，砖混结构，英式砌砖。位于社区中轴线中心以东，与14号楼相邻。15号楼与14号楼同期建设，为中科院高级研究员的住宅楼。科学先驱李善邦、叶渚沛、王淦昌、傅承义等都曾在此居住过。

楼体坐东朝西，呈倒"L"形布局，共3个单元。一、二单元入口面南，三单元入口面东。一楼有辅门在楼体北侧。四坡脊屋顶，灰色机瓦，屋顶南坡面有三角顶老虎窗，北坡面有矩形烟囱。楼体外围有唐山大地震后加建的防震加固横竖外梁。建筑朝南、东、北面有半封闭式凸阳台，南侧阳台门整体面南，东侧阳台门面东，北侧阳台门呈对称格局分别面向东西。阳台围栏为寻杖栏杆。房间窗户为平开窗，楼道间窗户为红色木质中悬窗。

15号楼在新中国成立初期不论是建筑形式、内部空间布局还是历史意义上都有着突出的价值，是科学家故居的实物见证，在科学史上有着重要意义。

建筑类别	居住小区
年　代	1949~1979年
建筑层数	3层
建筑结构	砖混结构
公布批次	第一批

中关村15号楼全景

西立面

立面装饰

屋面及檐口

中国政法大学近现代历史建筑群

中国政法大学的前身是北京政法学院，1952年由北京大学、清华大学、燕京大学、辅仁大学四校的法学、政治学、社会学等学科组建而成，当时并没有自己的校舍，暂栖沙滩北大。

1953年2月根据中央安排，新校址选择在北京西北郊学院路41号，即现在的中国政法大学海淀校区——西土城路25号。

1953年7月，新校舍开始兴建，此时建成的校园包括北楼、中楼和南楼（后来称为老一、二、三号楼）、联合楼、礼堂、学生食堂、教工食堂等。其中老一、二、三楼保留至今，长期作为学生及教职工宿舍楼使用。

1956年底，钱端升、李进宝和雷洁琼等人参加了在紫光阁召开的北京高校负责人会议，会上共同向周恩来总理提出校舍紧张的问题。在周总理的亲切关怀下，北京政法学院设计修建了主教学楼，全院师生以高度的热情参加义务劳动，至1957年主教学楼基本建成。

1970年北京政法学院撤销，校园建筑被北京市第174中学、戏曲学校、歌舞团、曲艺团、北京市文化局读书班等单位占用。1979年北京政法学院恢复招生，并相继收回了老一号楼、教学楼等校园内建筑。

保存至今的中国政法大学老一、二、三号楼以及主教学楼建于20世纪50年代，是当时的北京政法学院进行校舍建设时的第一批建筑。建筑的图纸是基建科老师仿照苏联建筑范式打造的仿苏联式建筑（一说为苏联专家设计），学校领导、全体师生都参加过校园建设和校园美化的工作。老一辈政法大学人在学校开创阶段，在简陋的条件下，用双手一砖一瓦地建起了这座美丽的校园。老一、二、三号楼以及主教学楼承载了老一辈政法大学人太多汗水与情感，是一代人的集体记忆，是中国政法大学创建阶段的重要历史见证，对中国政法大学有重要的意义，也是传承中国政法大学艰苦创业精神的最重要实物载体。

其中老一号楼列入了北京市第二批历史建筑名单，主教学楼列入了北京市第三批历史建筑名单。

历史建筑清单

历史建筑名称	历史建筑编号
中国政法大学老一号楼	BJ_HD_BTPZ_0001_01
中国政法大学主教学楼	BJ_HD_BTPZ_0001_04

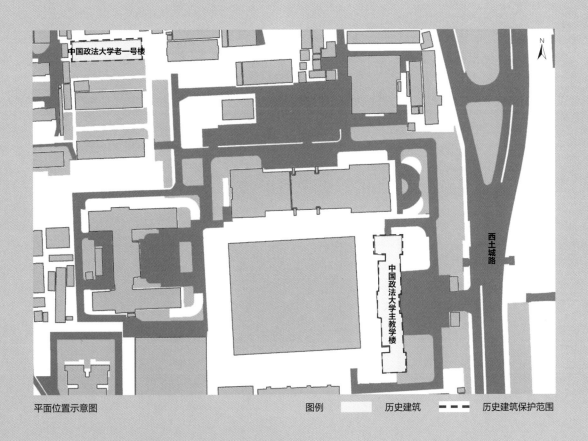

平面位置示意图　　　　图例　　　历史建筑　　- - -　历史建筑保护范围

01 中国政法大学老一号楼

BJ_HD_BTPZ_0001_01

建筑类别	近现代公共建筑
年 代	1949～1979年
建筑层数	3层
建筑结构	砖混结构
公布批次	第二批

中国政法大学老一号楼原为1号宿舍楼，现为办公楼。老一号楼于1953年开始兴建，是当时的北京政法学院进行校舍建设时的第一批建筑，为基建科老师仿照苏联建筑范式打造的建筑。老一号楼位于中国政法大学西北角，与老二、三号楼形制相同，建筑为典型的苏联式筒子宿舍楼，共3层。现在作为办公楼、研究生院日常使用。建成后很大程度上解决了当时校舍资源紧张的问题，为教学活动的开展提供了极大便利。全院师生都以高度的热情参加了建设。

老一号楼为南北向，四坡脊屋顶，木桁架，红砖砌体结构。一层为下碱水泥砂浆抹面，清水红砖墙面，一顺一丁砌筑，立面上开大方窗，混凝土过梁，红砖斗砌窗台，窗下水泥砂浆抹面，刻海棠线芯，开四扇漆红木窗，简洁大方。木桁架四坡脊屋顶，灰机瓦屋面，檐部挑出，漆红木挂檐板，檐下做木板条吊顶。1976年唐山大地震后，四角加设构造柱，两道圈梁进行加固。建筑主入口在东、西两侧，室内水泥砂浆地面，室内布局为典型的筒子楼式建筑，中间走廊，两侧为房间，室内楼梯为水磨石台阶，砖砌栏板，水磨石扶手。室内窗户、踢脚、木门及门锁等构件基本为20世纪50年代始建原物，有一定的时代特色。

此楼作为北京政法学院校舍建设时期的第一批建筑，是一代人的集体记忆，对中国政法大学有重要的历史意义，也是传承中国政法大学艰苦创业精神的最重要实物载体。

中国政法大学老一号楼全景（一）

中国政法大学老一号楼全景（二）

东立面

四坡屋顶

楼梯及木门窗

02 中国政法大学主教学楼
BJ_HD_BTPZ_0001_04

建筑类别	近现代公共建筑
年 代	1949～1979年
建筑层数	4～6层
建筑结构	砖混结构
公布批次	第三批

建筑概况

中国政法大学主教学楼现在仍作为教学楼使用，正对学校东侧主要入口，是校园的标志性建筑。主教学楼1957年建成，是当时的北京政法学院进行校舍建设时的第一批建筑，为基建科老师仿照苏联建筑范式打造的建筑，全院师生都以高度的热情参加了建设。该建筑建成后主要承担了教室、实验室等功能。

主教学楼为典型的苏联三段式建筑，平面呈"]"形；中轴对称，4～6层，中间高两侧低；砖混结构，平屋顶，立面开大方窗。建筑主入口面向东侧，中间6层部分最高，顶层为拱窗，向外凸出门厅，设拱形廊柱。外墙原为白色涂料，立柱、大门原为水刷石，混凝土过梁，水磨石窗台，楼梯宽敞，水磨石楼梯扶手。1976年唐山大地震后，为抗震加固，立面加设构造柱及圈梁。2000年，在未改变外形和情况下，外立面贴白、蓝色瓷砖，入口门厅及一层墙面贴石材。在进行西侧建筑建设时，为留出消防通道，对西侧南北两头凸出的部分进行了削切。

此楼作为北京政法学院校舍建设时期的第一批建筑，建筑设计及建造过程承载了学校悠久的历史和文化。建筑空间、结构、材料的应用展现了其科学价值，建筑装饰和符号体现了一定的艺术价值。

中国政法大学主教学楼全景（一）

东立面

中国政法大学主教学楼全景（二）

顶层拱形窗及檐口细部

北京航空航天大学近现代历史建筑群

北京航空航天大学（原名北京航空学院，1988年更名）创办于1952年，由当时的清华大学、北洋大学、厦门大学、四川大学等八所院校的航空系合并组建，是新中国第一所航空航天高等学府。1953年5月在西北郊海淀区柏彦庄选定校址后，6月1日正式动工兴建，10月建起两栋宿舍，全体学生及部分教职工迁居到仍处于工地状态的校园。计划中的基本建设任务于1957年基本完成。1958年扩建了附属工厂作为院内教学与科学研究的实践基地。1962年全院建立了10个专门的研究室。

北京航空航天大学位于海淀区学院路37号，北邻北四环中路，南邻知春路，西连中国科学院大学，东接北京大学医学部。北京航空航天大学近现代建筑群为中式传统与现代风格相结合的教育科研建筑。本次确定的4栋历史建筑位于北京航空航天大学校区东北部教学科研区，以中轴线上体量最大的文物建筑——主楼为中心，在其南、北两侧对称分布：3号、4号教学楼坐北朝南并排而立，1号、2号教学楼坐南朝北。

建筑群整体布局主次分明，体现了中国传统建筑庄严雄伟、整齐对称的平面布局方式。校园主入口设有开阔的绿化、交通广场，建筑群功能分区明确、相互联系方便。4座教学楼以"系"为单位，兼有教学和行政办公的功能。楼层以多层为主，楼中间和两侧均设有楼梯，便于疏散人流，并有不同规模的阶梯教室。

该建筑群内的建筑是20世纪50年代建筑师对中式传统风格和现代主义风格相结合的校园建筑的探索和实践，同时作为我国航空航天事业发展的孵化地，具有一定的历史和文化价值；建筑空间结构的布局、材料的运用具备时代特征，展现了其科学价值，中国传统样式的屋顶、古典纹样的装饰运用、中式传统的艺术符号特征赋予了其艺术价值。

历史建筑清单

历史建筑名称	历史建筑编号
北京航空航天大学一号楼	BJ_HD_HYL_0001_01
北京航空航天大学二号楼	BJ_HD_HYL_0001_02
北京航空航天大学三号楼	BJ_HD_HYL_0001_03
北京航空航天大学四号楼	BJ_HD_HYL_0001_04

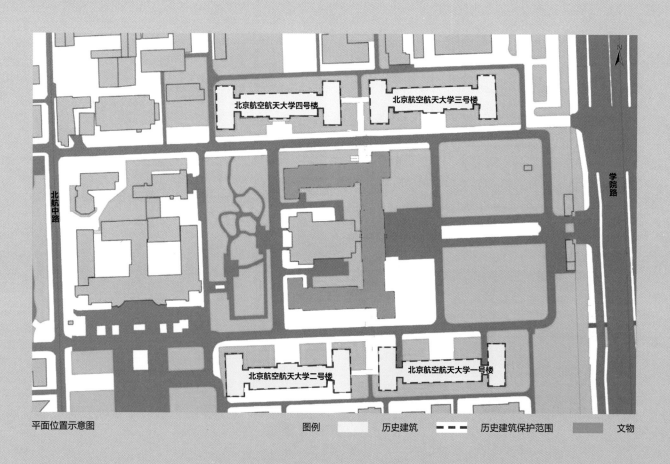

平面位置示意图　　图例 ▢ 历史建筑　- - - 历史建筑保护范围　▨ 文物

01 北京航空航天大学一号楼

BJ_HD_HYL_0001_01

建筑类别	近现代公共建筑
年代	1949～1979年
建筑层数	4层
建筑结构	钢筋混凝土结构
公布批次	第二批

北京航空航天大学一号楼位于主楼东南侧，北为静园，建于20世纪50年代，建设初期用于教学科研并沿用至今。

建筑平面呈"H"形布局，坐南朝北，东西对称，中间主体建筑4层、两翼伸出的建筑3层，与主楼和2号楼通过双层楼廊相连。建筑为中式传统与现代风格相结合的建筑风格，钢筋混凝土结构。建筑上部为仿古出檐平屋顶，混凝土仿椽下接混凝土斗栱，上饰黄、暗红色涂料，有仿角梁。立面现为喷砂涂料，窗下饰葵式线条装饰纹，上下层窗间镶板有云纹浮雕。楼体北侧为主入口，六柱式前廊，前廊饰简化仿古雀替、斗栱（补间2朵），混凝土仿椽，仿古出檐平顶，钢混柱，混凝土花格，直棂木质门窗，三层台阶，台阶两旁为长方形花池。南侧为辅出口，出口上方二、三层为玻璃幕墙，混凝土墙体饰有云纹花格。双层楼廊底层为双面空廊，两侧均为内角拱列柱。

北京航空航天大学一号楼全景

檐部装饰

内部装饰

一号楼标牌

02 北京航空航天大学 二号楼

BJ_HD_HYL_0001_02

建筑类别	近现代公共建筑
年 代	1949～1979年
建筑层数	4层
建筑结构	钢筋混凝土结构
公布批次	第二批

建筑概况

北京航空航天大学二号楼位于主楼西南侧，北为晨读园，建于20世纪50年代，建设初期用于教学科研并沿用至今。

建筑平面呈"H"形布局，坐南朝北，东西对称，中间主体建筑4层、两翼伸出建筑3层，与主楼和二号楼通过双层楼廊相连。建筑为中式传统与现代风格相结合的建筑风格，钢筋混凝土结构。建筑立面现为喷砂涂料，窗下饰葵式线条装饰纹，上下层窗间镶板有云纹浮雕。楼体北侧为主入口，六柱式前廊，平顶，钢混柱，直棂木质门窗，三层台阶，台阶两旁为长方形花池。南侧为辅出口，出口上方二、三层为玻璃幕墙，混凝土墙体饰有云纹花格。双层楼廊底层为双面空廊，两侧均为内角拱列柱。

北京航空航天大学二号楼全景

入口

墙面装饰

檐口及壁柱

03 北京航空航天大学三号楼

BJ_HD_HYL_0001_03

建筑类别	近现代公共建筑
年代	1949～1979年
建筑层数	4层
建筑结构	钢筋混凝土结构
公布批次	第二批

北京航空航天大学三号楼位于主楼东北侧，南为静园。建于20世纪50年代，建设初期用于教学科研并沿用至今。

建筑平面呈"H"形布局，坐南朝北，东西对称，中间主体建筑4层、两翼伸出建筑3层，与主楼和四号楼通过双层楼廊相连。建筑为中式传统与现代风格相结合的建筑风格，钢筋混凝土结构。建筑上部为仿古出檐平屋顶，混凝土仿椽下接混凝土斗栱，上饰黄、暗红色涂料，有仿角梁。立面现为喷砂涂料，窗下饰葵式线条装饰纹，上下层窗间镶板有云纹浮雕。楼体北侧为主入口，六柱式前廊，前廊饰简化仿古雀替、斗栱（补间2朵），混凝土仿椽，仿古出檐平顶，钢混柱，混凝土花格，直棂木质门窗，三层台阶，台阶两旁为长方形花池。南侧为辅出口，出口上方二、三层为玻璃幕墙，混凝土墙体饰有云纹花格。双层楼廊底层为双面空廊，两侧均为内角拱列柱。楼内地面、楼梯为拼色水磨石地砖。

北京航空航天大学三号楼全景（一）

北京航空航天大学三号楼全景（二）

内部场景（一）

内部场景（二）

04 北京航空航天大学 四号楼

BJ_HD_HYL_0001_04

建筑类别	近现代公共建筑
年　代	1949～1979年
建筑层数	4层
建筑结构	钢筋混凝土结构
公布批次	第二批

建筑概况

北京航空航天大学四号楼位于主楼西北侧，南为晨读园，建于20世纪50年代，建设初期用于教学科研并沿用至今。

建筑平面呈"H"形布局，坐南朝北，东西对称，中间主体建筑4层、两翼伸出建筑3层，与主楼和三号楼通过双层楼廊相连。建筑为中式传统与现代风格相结合的建筑风格，钢筋混凝土结构。建筑立面现为喷砂涂料，窗下饰葵式线条装饰纹，上下层窗间镶板有云纹浮雕。楼体北侧为主入口，六柱式前廊，平顶，钢混柱，直棂木质门窗，三层台阶，台阶两旁为长方形花池。南侧为辅出口，出口上方二、三层为玻璃幕墙，混凝土墙体饰有云纹花格。双层楼廊底层为双面空廊，两侧均为内角拱列柱。

北京航空航天大学四号楼全景

内部场景

窗户

外部楼梯

原苏联展览馆招待所历史建筑群

1952年，中央政府决定在北京举办"苏联文化与建设成就展览"，全面介绍苏维埃社会主义建设的伟大成就，为此决定兴建苏联展览馆。为了解决外地代表的食宿问题，北京市政府决定在建苏联展览馆的同时，建设苏联展览馆招待所，这就是北京市西苑饭店的前身，西苑饭店因此而开始建设。苏联展览馆招待所于1954年由北京市设计院设计，北京市第一建筑工程公司承建。由10栋"洋楼"组成的招待所建筑群，共占地128534平方米。

苏联展览馆招待所建设时，正处于社会主义建设的红火年代，人民群众的社会主义生产积极性空前高涨，10栋楼建设仅用时90多天便基本完成，这10栋楼的建成时间是1954年9月21日。1954年10月2日，"苏联文化与建设成就展览"在苏联展览馆召开，苏联展览馆招待所便开始正式接待客人。

10栋"洋楼"建筑群整体以苏联展览馆招待所十号楼（即现西苑饭店1号楼）为中心南北分布，北侧为四号、五号、六号楼，南侧为七号、八号、九号楼，对称分布；另有一号、二号、三号楼单独分布于东北。共占地约12.9万平方米，建筑面积约3.5万平方米。一号楼于1981年拆除建设新西苑饭店主楼。

1954年苏联招待所开业时共有客房756间，床位2268张。

1955年4月苏联展览馆招待所更名为"北京市西苑大旅社"，新增大礼堂会议楼（即现在的新世纪日航饭店旧楼——员工宿舍）、大餐厅（即现在的新世纪饭店新楼用地处，已拆除），建筑面积增至4.6万平方米。在此后相当长的一段时间内，这里成为党中央、国务院召开各种会议的重要场所之一，同时也作为党和国家领导人重要接见活动的专门接待场所之一。

1956年后，为了满足接待工作的需要，将苏联展览馆招待所职工宿舍楼（九号楼）改为客房，并拨出8幢楼供中央机关使用，共799间。

1977年9月1日，北京市西苑大旅社更名为"北京市西苑饭店"。

1981年3月，为适应改革开放后的发展形势，开始修建新西苑饭店主楼，1984年7月土建工程基本完工，同年8月中旬开始营业。建筑面积约6.5万平方米，拥有北京第一家旋转餐厅，是当时北京市的地标性建筑。同年对七、八号楼进行改造，随后又相继改造了二号、九号、三号、四号、六号、五号楼，到1986年基本改造完毕，改造后的客房内增加了卫生间，通了电话，装了空调，大大提升了饭店的服务水平，基本具备了接待外宾的条件。

1999年进行了主楼建成后第一次大规模的更新改造。

2002年西苑饭店晋升为五星级酒店，进入国家顶级饭店的行列。

原苏联展览馆招待所近现代建筑群为苏式风格和现代主义风格的公共庭院式酒店建筑。该建筑群作为新中国成立初期我国具有现代国际水准的旅馆建筑之一，是我国接待外宾、举办国内外重要会议和各种专业会议的重要场所，同时也记载了部分国家单位和外资企业的成长历史，是时代发展的实物载体，有一定的历史价值。

历史建筑清单

历史建筑名称	历史建筑编号
原苏联展览馆招待所十号楼	BJ_HD_GJK_0002_01
原苏联展览馆招待所二号楼	BJ_HD_GJK_0002_02
原苏联展览馆招待所三号楼	BJ_HD_GJK_0002_03
原苏联展览馆招待所四号楼	BJ_HD_GJK_0002_04
原苏联展览馆招待所五号楼	BJ_HD_GJK_0002_05
原苏联展览馆招待所六号楼	BJ_HD_GJK_0002_06
原苏联展览馆招待所七号楼	BJ_HD_GJK_0002_07
原苏联展览馆招待所八号楼	BJ_HD_GJK_0002_08
原苏联展览馆招待所九号楼	BJ_HD_GJK_0002_09
原北京市西苑大旅社大礼堂会议楼	BJ_HD_GJK_0002_10

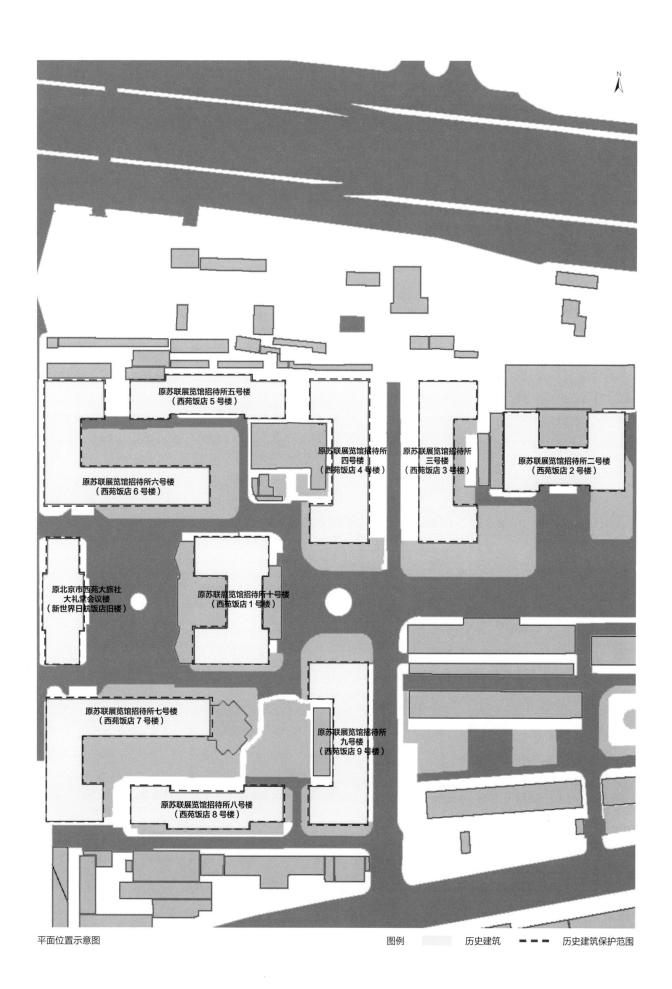

原苏联展览馆招待所五号楼
（西苑饭店 5 号楼）

原苏联展览馆招待所
四号楼
（西苑饭店 4 号楼）

原苏联展览馆招待所
三号楼
（西苑饭店 3 号楼）

原苏联展览馆招待所二号楼
（西苑饭店 2 号楼）

原苏联展览馆招待所六号楼
（西苑饭店 6 号楼）

原北京市西苑大旅社
大礼堂会议楼
（新世界日航饭店旧楼）

原苏联展览馆招待所十号楼
（西苑饭店 1 号楼）

原苏联展览馆招待所七号楼
（西苑饭店 7 号楼）

原苏联展览馆招待所
九号楼
（西苑饭店 9 号楼）

原苏联展览馆招待所八号楼
（西苑饭店 8 号楼）

平面位置示意图

图例 ▨ 历史建筑 ━ ━ ━ 历史建筑保护范围

01 原苏联展览馆招待所 十号楼

BJ_HD_GJK_0002_01

建筑类别	近现代公共建筑
年　代	1949～1979年
建筑层数	4层
建筑结构	砖混结构
公布批次	第二批

建筑概况

原苏联展览馆招待所十号楼，现在是北京西苑饭店1号楼，是西苑饭店早期的建筑，建于1954年，位于西直门外大街以南，西侧为新世纪饭店写字楼，东侧为新苑街，属西苑饭店西区。1956年11月第二机械工业部在此成立并办公，1981年日本电器公司入驻。如今建筑作为餐饮场所使用。

建筑平面呈"工"字形布局，楼体南北对称，坐西朝东。苏联风格，砖混结构，地上4层。在早期的西苑饭店建筑中位于整体院落格局的东西轴线中心位置。建筑为典型的苏式建筑，四坡顶，灰色机瓦，上设矩形烟囱。主入口面东，后期加建一层"凸"字平面门廊。楼体砖墙为英式砌法，外刷灰色涂料。建筑东西立面均可见挑阳台，阳台栏板上有水泥镂空花格，侧面可见水舌排水，悬挑板下左右边均有三角回纹支撑。立面开有整齐的简洁方窗，三、四层窗间为横条水泥饰板横贯楼体，窗与窗间规律布列。东门正对假山景观，楼前空地宽阔，楼体南北两侧覆有爬山虎，营造出古朴大气的氛围。

原苏联展览馆招待所十号楼全景

南立面

檐部装饰

阳台

02 原苏联展览馆招待所二号楼

BJ_HD_GJK_0002_02

建筑类别	近现代公共建筑
年　代	1949～1979年
建筑层数	3层
建筑结构	砖混结构
公布批次	第二批

原苏联展览馆招待所二号楼，现在是北京西苑饭店2号楼，建于1954年，位于新西苑饭店大楼以西、三号楼以东，是西苑饭店西区最东边建筑。最初苏联展览馆招待所开业仪式便在二号楼的一号餐厅举行；1956年水产部在此楼成立办公；1966年国务院联络员设立办公地点。如今建筑作为餐饮场所。

建筑平面呈"工"字形布局，楼体东西对称，坐北朝南。苏联风格，砖混结构，地上4层。建筑为典型的苏联式建筑，四坡顶，屋顶为灰色机瓦。主入口面南，有中式四柱门廊，门廊上方有回纹浮雕，门廊外设砖砌外走廊，围有镂空花格围栏，下接石板入口坡道，入口彰显庄重大气。楼体砖墙为英式砌法，南侧、东侧外刷淡黄色涂料，北侧、西侧外刷灰色涂料。建筑南立面四层有挑阳台，三层主入口上方有连排阳台，阳台栏板上有水泥镂空花格，悬挑板下左右边均有三角回纹支撑。立面开有整齐的简洁方窗，三、四层窗间为横条白色水泥饰板横贯楼体。

原苏联展览馆招待所二号楼全景

立面装饰

阳台及立面装饰

东立面

檐部装饰

03 原苏联展览馆招待所三号楼

BJ_HD_GJK_0002_03

建筑类别	近现代公共建筑
年 代	1949～1979年
建筑层数	3层
建筑结构	砖混结构
公布批次	第二批

建筑概况

原苏联展览馆招待所三号楼，现在是北京西苑饭店3号楼，建于1954年，位于西苑饭店西区东侧，处于4号楼和2号楼之间。1956年第一机械工业部、第三机械工业部在此成立办公，同时成立了中国科学院计算机技术研究所。1957年海军司令部一部在此楼办公。自1981年客房改造后，跨国企业等纷纷入驻3号楼，现为饭店客房。

建筑平面呈"["形布局，楼体南北对称，坐西朝东。砖混结构，地上3层。建筑为典型的苏联式建筑，四坡顶，屋顶为灰色机瓦，绿漆封檐板，屋顶有烟囱。主入口面南东，楼体砖墙为英式砌法，外刷灰色涂料。建筑四面有出挑阳台，东立面入口上方二、三层有连排砖砌阳台，阳台栏板上有水泥镂空花格，悬挑板下有三角回纹支撑。立面开有整齐的简洁方窗，一层窗台以下至地面为白色水泥护墙板横贯楼体。建筑内部为典型的酒店客房布局，中间走廊，两侧房间依次排开，铺木质地板。

原苏联展览馆招待所三号楼全景

南立面

阳台装饰

屋顶及檐部

04 原苏联展览馆招待所四号楼

BJ_HD_GJK_0002_04

建筑类别	近现代公共建筑
年代	1949～1979年
建筑层数	3层
建筑结构	砖混结构
公布批次	第二批

建筑概况

原苏联展览馆招待所四号楼，现在是北京西苑饭店4号楼，建于1954年，位于西苑饭店西区中部，处于5号楼和3号楼之间。1956年11月，第二机械工业部在此成立并办公，中国第一颗原子弹的规划、研制也在四号楼起步。现为西苑饭店客房及部分公司办公所用。

建筑平面呈"]"形布局，楼体南北对称，坐东朝西。砖混结构，地上3层。建筑为典型的苏式建筑，四坡顶，屋顶为灰色机瓦，绿漆封檐板，屋顶有烟囱。主入口面东，楼体砖墙为英式砌法，外刷灰色涂料。建筑四面有出挑阳台，入口上方二、三层有连排砖砌阳台，阳台栏板上有水泥镂空花格，悬挑板下有三角回纹支撑。立面开有整齐的简洁方窗，一层窗台以下至地面为白色水泥护墙板横贯楼体。建筑内部为典型的酒店客房布局，中间走廊，砖砌式楼梯及木制扶手，两侧房间依次排开，铺木质地板。

原苏联展览馆招待所四号楼全景

南立面

檐部装饰 立面装饰

原北京丝绸厂历史建筑群

北京丝绸厂前身是棉织厂，后改为解放织布厂、北京市染织一厂等，1962年定名为北京丝绸厂，厂址位于西城区棉花胡同和柳巷。

1985年，北京丝绸厂迁到海淀区清河镇北、德昌公路西侧四拨子地区，是纺织工业部丝绸总公司兴建的亚洲一流的大厂。厂区建设是集生产、办公、住宿及各类服务设施于一体的综合建筑群，大小共24个单位工程，占地80320平方米，建筑总面积54884平方米，由北京纺织设计院设计，北京城建二公司承建。1983年10月开工，1988年2月竣工。主厂房建筑面积达26064平方米。

2000年12月，北京丝绸厂宣布破产，2001年11月被北京光华染织厂竞拍收购，将园区逐渐改造成为光华创业园。是集餐饮业、中小企业及文体设施多功能于一体的园区。

该建筑群内的建筑是20世纪80年代工业建筑的代表。

建筑群内的原北京丝绸厂1号厂房、2号厂房为典型的工业砖混结构厂房，建筑本体保存较好，整体结构展现了当时建筑的建造技艺，具有一定的艺术价值；先进的防火材料和技术具有一定的科学价值；同时也是城市历史文化的重要遗产，是新中国成立初期北京丝绸工业发展的实物见证。

该建筑群内的原北京丝绸厂办公楼的立面纵向线条装饰和原北京丝绸厂礼堂的立面波浪折线造型处理手法极具现代主义风格，建筑结构和建造技艺体现了很强的时代特征，有一定的科学价值；建筑是城市历史文化的重要遗产，也是改革开放时期工业发展的实物见证，具有一定的历史价值。

历史建筑清单

历史建筑名称	历史建筑编号
原北京丝绸厂1号厂房	BJ_HD_QH_0001_01
原北京丝绸厂2号厂房	BJ_HD_QH_0001_02
原北京丝绸厂办公楼	BJ_HD_QH_0001_03
原北京丝绸厂礼堂	BJ_HD_QH_0001_04

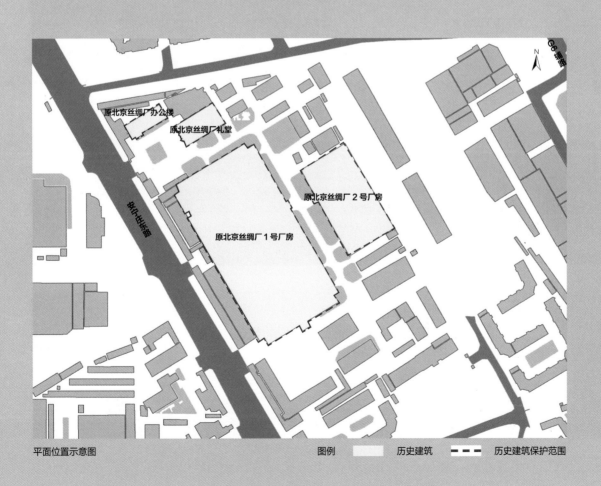

平面位置示意图　　　　图例 ▢ 历史建筑　- - - 历史建筑保护范围

01 原北京丝绸厂1号厂房

BJ_HD_QH_0001_01

建筑概况

原北京丝绸厂1号厂房位于园区厂门入口东侧，是20世纪80年代建厂初期的主要建筑之一，原为丝绸厂的主厂房，现成为23号楼，沿西北—东南向纵轴中心线分为两部分使用，西侧临街部分改作超市使用，东侧院内部分属于光华创业园，改作办公用房出租使用。

原北京丝绸厂1号厂房建筑平面为矩形，砖混结构，平屋顶。建筑分为两部分，北侧为办公区域，4层；南侧整体为厂房车间，原为1层通高，现改为2层。建筑为框架、排架结构。框架部分为13.5~14米高的钢筋混凝土预制柱和6米长花篮梁组合而成，排架部分由6米高的牛腿预制柱及锯齿桁架、薄腹梁组成。屋顶一排锯齿状采光天窗，天窗外墙面装饰花格。建筑内为水泥地面、地板砖贴面。建筑内部可见构造柱及钢架结构，保存状态较为完整。一层外立面为米黄色喷砂涂料，二层外立面为中黄色涂料，四层外立面为红色涂料。建筑内部分地面、屋顶、门窗、楼梯等都保留较好，外部仍保留原始路灯。

建筑类别	工业遗产
年　代	1980年以后
建筑层数	1~4层
建筑结构	砖混结构
公布批次	第二批

原北京丝绸厂1号厂房全景

北立面

屋顶锯齿状采光天窗

立面装饰

02 原北京丝绸厂2号厂房
BJ_HD_QH_0001_02

建筑类别	工业遗产
年 代	1980年以后
建筑层数	1层
建筑结构	混合结构
公布批次	第二批

建筑概况

原北京丝绸厂2号厂房位于1号厂房东侧，是20世纪80年代建厂初期的主要建筑之一，为丝绸厂的辅厂房，现为10号楼和11号楼。原为北京丝绸厂的生产车间，现为办公场所使用。

原北京丝绸厂2号厂房建筑平面为矩形，混合结构，人字坡屋顶，高1层。建筑构造独特，是日本神户川铁株式会社制造的拼装式活动房，所有部件均在日本加工好，经天津港运到工地，由日商配合安装。其承重部分是工字钢，跨度最大达30多米。此建筑是较早使用玻璃丝棉防火阻燃材料和彩钢板屋顶的厂房。入口设玻璃构造门廊，建筑内为水泥地面、地板砖贴面。建筑内部可见构造柱及钢架结构，保存状态较为完整。外立面为米黄色喷砂涂料，底部为蓝色横条涂料。侧立面为三角山墙，可见构造柱及延至屋顶的外挂维修梯。建筑内部部分地面、屋顶、门窗等都保留较好。

原北京丝绸厂2号厂房全景

南立面

屋檐

入口及立面装饰

03 原北京丝绸厂办公楼
BJ_HD_QH_0001_03

建筑概况

原北京丝绸厂办公楼位于园区厂门入口东侧，是建厂初期的主要建筑之一，建成于1986年，原为丝绸厂办公所用，如今为光华创业园办公所用，现称为2号楼。

原北京丝绸厂办公楼为矩形建筑平面，砖混结构，平屋顶，现代主义风格建筑。建筑整体造型看起来像两个矩形穿插而成，整体显得端庄挺拔。入口处矩形楼体凸出建筑正立面，入口设门廊，门廊上方有"一"字形雨篷，窗户饰有密集竖向格栅，保留有木制门窗。建筑主体为5层，外立面可见突出的构造柱，隔一柱设一窗。外墙体为中黄色水刷石饰面。楼道墙上可见垃圾倾倒口。建筑外观的原始信息保留较为完好，内部后铺设瓷砖地面。

建筑类别	工业遗产
年　代	1980年以后
建筑层数	5层
建筑结构	砖混结构
公布批次	第二批

原北京丝绸厂办公楼全景　　南立面　　　　　窗户及立面装饰　　楼梯

04 原北京丝绸厂礼堂
BJ_HD_QH_0001_04

建筑概况

原北京丝绸厂礼堂位于园区厂门入口正对面，是20世纪80年代建厂初期的重要建筑之一，原为丝绸厂礼堂，如今被各企业办公及室内运动馆所用，为光华创业园4号楼。

原北京丝绸厂礼堂为矩形建筑平面，砖混结构，建筑造型奇特，外观新颖，礼堂高4层，为现代主义风格建筑。建筑整体由两部分组成，西侧部分为平屋顶，东侧主体部分为人字坡顶，侧立面可见三角山墙。面向入口的西南立面设计为波浪折线效果，窗户随着波形纵向分布，底层凹进，立面灵活生动，在视觉上富有变化和趣味性。外墙面材质为水刷石，饰中黄色涂料。礼堂现改为室内羽毛球馆，内部仍保留当时礼堂时期的波浪形吸声板。

建筑类别	工业遗产
年　代	1980年以后
建筑层数	5层
建筑结构	砖混结构
公布批次	第二批

原北京丝绸厂礼堂全景　　西立面　　　　　波浪折线立面　　　　室内屋顶

原北京青云仪器厂历史建筑群

北京青云仪器厂成立于1958年，后更名为北京青云航空仪表公司，是当时航空工业总公司属下的一家国营军工厂，是从事飞机及导弹自动飞行控制系统与陀螺仪表研制和生产的重点保军企业，是中国航空工业的一个重要科研生产基地，代表着中国航空工业的振兴，现已搬至顺义工业园区。原址内主体4座厂房均为北京青云仪器厂成立时建成。目前园区及厂房权属于中航中关村科技有限公司，是航空工业集团有限公司直管二级单位。

1999年青云仪表公司成为中关村科技园海淀园新技术企业，占地面积约63万平方米，其中中关村园区内企业生产厂区占地面积约17万平方米。

2010年，青云仪表公司将部分土地由工业用地转变为科研用地。

该建筑群内建筑是20世纪50年代典型的工业建筑，为典型的工业钢与砖混合结构结合的厂房，整体结构展现了新中国成立初期工业建筑的建造技艺，有一定的科学价值；建筑见证了我国高科技军工企业的诞生，是军工厂历史文化的重要印记，具有一定的历史价值。

历史建筑清单

历史建筑名称	历史建筑编号
原北京青云仪器厂1号厂房	BJ_HD_ZGC_0002_01
原北京青云仪器厂2号厂房	BJ_HD_ZGC_0002_02
原北京青云仪器厂3号厂房	BJ_HD_ZGC_0002_03
原北京青云仪器厂4号厂房	BJ_HD_ZGC_0002_04

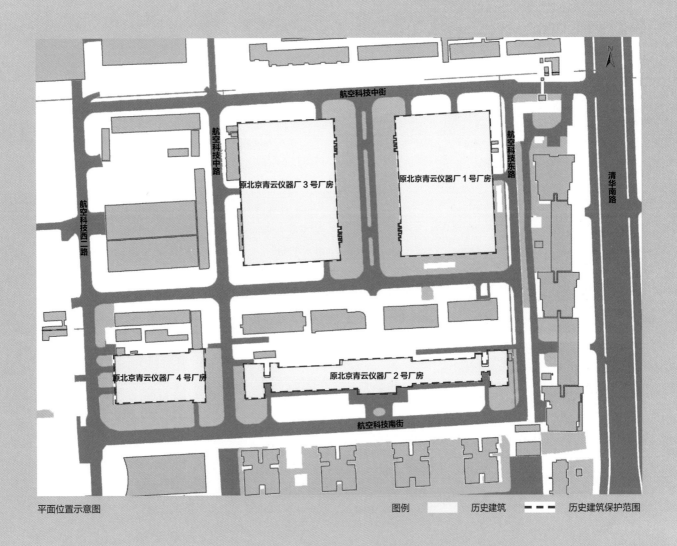

平面位置示意图

图例　　历史建筑　　- - - - 历史建筑保护范围

01 原北京青云仪器厂1号厂房

BJ_HD_ZGC_0002_01

建筑类别	工业遗产
年　代	1949～1979年
建筑层数	1～3层
建筑结构	混合结构
公布批次	第二批

建筑概况

原北京青云仪器厂1号厂房建成于1964年，是建厂初期的主要建筑，位于厂区东部，北侧为航空科技中街，南侧为2号厂房，西侧为3号厂房。原为青云仪表公司机加工车间。

1号厂房属于现代主义风格的工业厂房建筑，分为两部分：东侧为厂房部分，一层通高；西侧为办公部分，3层高。砖砌墙体，外刷红色涂料。建筑周边植被环境好，为花园式厂区。东侧厂房部分为混合结构、拱形屋顶，西侧办公部分跨度小，为平屋顶。北侧在弧顶山墙面上设入口，屋檐下有白色横向线条装饰。厂房顶部凸出钢架玻璃山墙，顶端有方形通风窗，内部仍为生产车间形态，钢筋混凝土柱，局部砖柱，上部有条形玻璃窗，光照充足，内部空间明亮。西侧办公部分呈三段式布局，中间高、两侧低，高3层，砖混结构。4根白色立柱直通檐下，简式筑基，平屋顶，女儿墙顶部有线脚装饰。入口原为东侧中部(现改为南侧)，中间为通高的欧式方柱，两柱间有水泥花格装饰板，窗间墙饰线条纹样。两侧较低的楼体立面由白色与姜黄色涂料从视觉上进行竖向分割，顶部和勒脚为白色，窗间墙为白色水泥拉毛。

原北京青云仪器厂1号厂房全景

南立面

入口及立面装饰

窗及勒脚

02 原北京青云仪器厂2号厂房

BJ_HD_ZGC_0002_02

建筑概况

原北京青云仪器厂2号厂房建成于1958年，是建厂初期的主要建筑，位于厂区南部，东靠清华南路，北侧为1号、3号厂房。原为青云仪表公司装配楼、办公楼，现空置。

2号厂房建筑平面呈"工"字形，东西走向，坐南朝北，混合结构。属苏联式建筑风格的工业建筑，三段式结构，中间高，两侧低，中间高5层，两翼4层。外立面刷青灰色涂料。2号厂房为主要军品加工车间，没有通高层，一层6.8米，中间含2.2米的通风管道。建筑入口设六柱门廊，廊柱凸出于顶棚，廊顶门柱间有镂空女儿墙。入门廊处有台阶，整体庄重气派。外立面有凸出壁柱，壁柱柱头有锯齿状装饰，两柱间设大面积窗，两侧楼窗户比中间窗窄，窗间深色条状带环绕楼体，整体更富有节奏变化。辅入口门廊为淡黄色，雨篷为翘檐不锈钢面。楼体立面及周边可见多个设备管、管道等富有工业建筑特征的附属构筑物。建筑周边植被环境好，为花园式厂房。

建筑类别	工业遗产
年代	1949～1979年
建筑层数	4层
建筑结构	混合结构
公布批次	第二批

原北京青云仪器厂2号厂房全景

南立面

屋檐

入口及立面装饰

03 原北京青云仪器厂3号厂房

BJ_HD_ZGC_0002_03

建筑类别	工业遗产
年　代	1949～1979年
建筑层数	5层
建筑结构	混合结构
公布批次	第二批

建筑概况

原北京青云仪器厂3号厂房建成于1964年，是建厂初期的主要建筑，位于厂区西部，北侧为航空科技中街，南侧为2号厂房，东侧为1号厂房。原为青云仪表公司机加工车间，现空置。

3号厂房属现代主义风格的工业厂房建筑，分为两部分：西侧为厂房部分；东侧为办公楼部分。建筑周边植被环境好，为花园式厂房。西侧厂房部分为混合结构，高1层，西边高跨、拱形屋顶，东边低跨、平屋顶；北侧在弧顶山墙面上设入口，屋檐下有白色横向线条装饰；厂房顶部凸出钢架玻璃山墙顶端有方形通风窗，内部为生产车间形态，钢筋混凝土柱，局部砖柱，上部有条形玻璃窗，光照充足，内部空间明亮。东侧办公部分呈三段式布局，中间高，两侧低，高3层，砖混结构。4根白色立柱直通檐下，筒式筑基，平屋顶，女儿墙顶部有线脚装饰。入口原为东侧中部（现改为南侧），中间为通高的欧式方柱，两柱间有水泥花格装饰板，窗间墙饰线条纹样。两侧较低的楼体立面由白色与姜黄色涂料从视觉上进行竖向分割，顶部和勒脚为白色，窗间墙为白色水泥拉毛。

原北京青云仪器厂3号厂房全景

勒脚及立面装饰

东立面

屋檐装饰

04 原北京青云仪器厂4号厂房

BJ_HD_ZGC_0002_04

建筑类别	工业遗产
年　代	1980年以后
建筑层数	1~3层
建筑结构	混合结构
公布批次	第二批

原北京青云仪器厂4号厂房建成于1958年，是建厂初期的主要建筑，位于厂区西南部，西靠航空科技西二路，东侧为2号厂房。原为青云仪表公司写字办公用楼，现空置。

4号厂房建筑属现代主义风格的工业厂房建筑，分为两部分：西侧为厂房部分，平面呈矩形；东侧为办公楼部分，平面呈矩形。建筑周边植被环境好，为花园式厂房。西侧厂房部分混合结构，层高1层，双拱形屋顶。砖砌墙面，外刷砖红色涂料。西侧设两个入口，分别位于两个弧顶山墙面上，入口处有平行雨篷，屋檐下有砖砌竖线装饰。建筑中部突出较高的烟囱。东侧办公部分为三段式结构，中间高，两侧低，高3层，砖混结构。平屋顶，砖砌墙面，外刷砖红色涂料。入口原面向东侧（现改为南侧），两侧壁柱直通第三层窗台下，两柱间有围栏样镂空装饰板，使立面呈现光影效果，空间感强，上下窗间有几何图形装饰。外立面为砖墙，涂砖红色涂料，下部为水泥勒脚，线形装饰，建筑整体显得敦厚、大气。

原北京青云仪器厂4号厂房全景

厂房弧形屋顶

东侧入口装饰及壁柱

砖墙及拉毛装饰

原北京大华无线电仪器厂历史建筑群

国营大华无线电仪器厂（原国营第768厂），始建于1958年，是我国"一五"期间苏联援建的156项重点项目之一，为我国最早建成的微波测量仪器专业大型军工骨干企业。

2009年11月，大华集团成立768创意园管理委员会，将园区改造为768创意园。2010年成为海淀区首批区级文化创意产业集聚区之一。目前园区入驻企业为以工业设计、建筑设计和景观设计为主的设计创意类企业。

该建筑群地处中关村核心区域，其前身为北京大华无线电仪器厂（原国营第768厂），建厂之初是亚洲最大的军工企业，生产军用电子产品。

整个园区呈矩形，建筑风格为现代主义的工业建筑，建筑结构为典型的20世纪50年代工业厂房的钢筋混凝土结构和工业建筑的砖混结构，外立面保留着原始的宣传标语和宣传画等富有时代特征的文化标志，是海淀区现存不多的工业遗产之一。如今大华厂曾经的生产活动均已从这里搬出，被改建成文化创意产业园是对老工业厂房历史的一

种传承，建筑本体保存完好，园区内植被景观丰富，是城市文化历史的重要组成部分。

该建筑群见证了我国辉煌的高科技军工企业发展历程，是军工厂历史文化的重要印记，具有一定的历史价值；建筑结构展现了新中国成立初期工业建筑的建造技艺，有一定的科学价值；建筑立面装饰构件具有一定的艺术价值。

历史建筑清单

历史建筑名称	历史建筑编号
原北京大华无线电仪器厂办公楼及试制车间	BJ_HD_XYL_0001_01
原北京大华无线电仪器厂机加车间	BJ_HD_XYL_0001_02
原北京大华无线电仪器厂波导车间	BJ_HD_XYL_0001_03
原北京大华无线电仪器厂木工厂房	BJ_HD_XYL_0001_04
原北京大华无线电仪器厂电镀表面车间	BJ_HD_XYL_0001_05

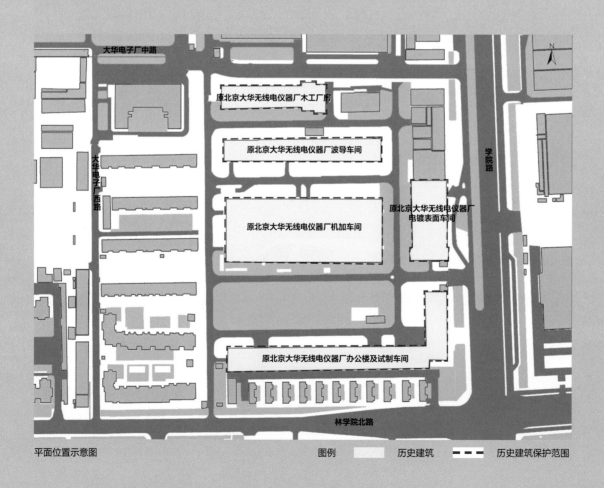

平面位置示意图　　　　图例　▢ 历史建筑　▬▬▬ 历史建筑保护范围

01 原北京大华无线电仪器厂办公楼及试制车间

BJ_HD_XYL_0001_01

原北京大华无线电仪器厂办公楼及试制车间位于创意园南门入口处，现在为768创意产业园A座，是20世纪50年代建厂初期的主要建筑之一，隔景观花园与创意园B座相对。该建筑的南区原为768厂试制车间、变压器车间、例行实验室、装配流水线、计量站（原电子工业部华北区域第二计量站）。该建筑的东区原为办公大楼，二、三层为办公区域，顶层设有资料室、图书馆、照相室等。经老厂房改造，现为互联网、设计创意、新能源等先锋企业办公场所。

该建筑平面为"L"形布局，坐南朝北，砖混结构，平屋顶，仿苏联式板楼，建筑采用现代主义风格的建筑造型和布局。楼体坐南朝北，分为南区和东区，共16个入口自东向西依序排布。南区高3层，采用西方三段式建筑，中轴对称，两处顶部加层，楼顶有女儿墙。楼体外立面为微黄色水刷石饰面。上下窗间为矩形水泥饰板，中间为菱形水刷石装饰面。东区外观高5层，浅赭石色外立面，局部可见构造柱。楼体内部楼梯扶手为典型20世纪50年代砖混结构，敦厚简洁，顶部为青灰色涂饰。室内空间可见清水红砖和构造柱，顶部可见原有房屋结构，整体保存较好。

该建筑是20世纪50年代留存的工业遗产之一，体现了军工厂历史文化的重要印记，具有一定的历史价值。

建筑类别	工业遗产
年 代	1949～1979年
建筑层数	1层
建筑结构	砖混结构
公布批次	第二批

原北京大华无线电仪器厂办公楼及试制车间全景

南立面

屋檐

入口及立面装饰

02 原北京大华无线电仪器厂机加车间

BJ_HD_XYL_0001_02

建筑类别	工业遗产
年　代	1949～1979年
建筑层数	1层
建筑结构	钢筋混凝土结构
公布批次	第二批

建筑概况

原北京大华无线电仪器厂机加车间位于创意园中心位置，现在为768 创意产业园B座，与C座相对，是20世纪50年代建厂初期的主要建筑之一。现为办公场所。

该建筑为典型的20世纪50年代工业厂房建筑，平面呈"一"字布局，东西走向，钢筋混凝土结构，人字坡屋顶，屋顶有加层，坐北朝南，为现代主义风格的工业建筑。共12个入口由东侧逆时针绕楼体有序排布。原高1层，现分隔为2层。部分入口处现改造为封闭式玻璃门廊，外围贴框柱装饰。楼体为清水红砖，外立面整体保存完好。楼体内部可见混凝土框架、圆拱钢桁架，下层为圆形屋顶，钢短柱承人字坡采光通风屋顶，顶部通风采光极佳。侧立面三角山墙为拉毛混凝土饰面，下部为淡黄色涂料。楼体外可见构造柱，结构柱表面拉毛混凝土软心饰面。

该建筑是20世纪50年代留存的工业遗产之一，为典型的工业钢筋混凝土结构厂房，整体结构展现了新中国成立初期工业建筑的建造技艺，有一定的科学价值。

原北京大华无线电仪器厂机加车间全景

北立面

桁架

楼梯

03 原北京大华无线电仪器厂波导车间

BJ_HD_XYL_0001_03

建筑类别	工业遗产
年　代	1949～1979年
建筑层数	1层
建筑结构	砖混结构
公布批次	第二批

建筑概况

原北京大华无线电仪器厂波导车间位于创意园中心偏北，现在为798创意产业园的C座，与D座相对，是20世纪50年代建厂初期的主要建筑之一。现为企业办公场所所用。

该建筑为典型的20世纪50年代工业厂房建筑，平面呈"一"字布局，东西走向，砖混结构，人字坡屋顶，坐北朝南，为现代主义风格的工业建筑。共9个入口由东至西依次排布在南侧。原高1层，部分入口处进行了门廊改造。楼体为清水红砖，外立面保存完整，典型的单层工业厂房几乎没有改动，立面仍可见"抓革命促生产"这样具有时代特征的标语，富有年代感。侧立面刷砖红色涂料。整个楼体外侧檐下围有一圈水泥装饰圈。建筑内部为钢桁架屋顶结构，下接砖柱。厂房宽阔的内部空间仍然可见，窗户呈纵向分布，每构造柱间隔两组窗，窗面积较大，使得室内空间光照充足明亮，也将楼体从视觉上纵向延伸，显得大气而庄重。

该建筑是整个园区中原始信息保留最为完整的工业厂房，富有时代特色的标语传递着不同时代的文化特色信息。整体结构展现了新中国成立初期工业建筑的建造技艺，有一定的科学价值。

原北京大华无线电仪器厂波导车间外景

北立面

细部

钢桁架

04 原北京大华无线电仪器厂木工厂房

BJ_HD_XYL_0001_04

建筑类别	工业遗产
年 代	1949~1979年
建筑层数	1层
建筑结构	砖混结构
公布批次	第二批

建筑概况

原北京大华无线电仪器厂木工厂房现在是768创意产业园D座，位于创意园最北侧，是创意园中体量较小的建筑之一，背靠大华电子中路，是20世纪50年代建厂初期的主要建筑之一。现为企业办公场所使用。

该建筑为典型的20世纪50年代工业厂房建筑，平面呈"一"字形布局，东西走向，砖混结构，人字坡屋顶，坐北朝南，为现代主义风格的工业建筑。共7个入口由东至西依次排布在南侧。高1层，部分入口处进行了门廊改造。楼体为清水红砖，外立面保存完整，典型的单层工业厂房几乎没有改动，仍保留有时代特征的宣传画。整个楼体外侧檐下围有一圈水泥装饰圈。建筑内部倒置钢混三角桁架屋顶结构清晰可见，下接砖柱。建筑整体分为三部分，高低不同，外立面上下窗间有白色水泥饰板，底部窗户有窗台。建筑整体结构，外立面都保存完好，较C座建筑高度稍低，建筑周边景观植被丰富。

该建筑传递着不同时代的文化特色信息，具有一定的文化价值，体现了军工厂历史文化的重要印记，具有一定的历史价值。

原北京大华无线电仪器厂木工厂房全景

南立面

墙面宣传画

立面及檐部

05 原北京大华无线电仪器厂电镀表面车间

BJ_HD_XYL_0001_05

建筑类别	工业遗产
年 代	1949~1979年
建筑层数	1层
建筑结构	砖混结构
公布批次	第二批

建筑概况

原北京大华无线电仪器厂电镀表面车间位于创意园东侧，现在为768创意产业园H座，与A座东区相邻，是20世纪50年代建厂初期的主要建筑之一。现为企业办公、餐饮场所等使用。

该建筑为典型的20世纪50年代工业建筑，平面呈"一"字形布局，南北走向，砖混结构，人字坡屋顶，坐东朝西，为现代主义风格建筑。高2层，部分入口处进行了门廊改造，其余入口处均有"一"字形砖混雨篷。楼体为清水红砖，外立面保存完整，结构改动较少，面东部分为餐饮使用，外立面改造较大。部分外立面仍可见具有时代特征的宣传画，富有年代感。南侧楼体外贴青灰色瓷砖饰面。北侧为三段式结构，建筑底部水刷石基座，基座上接窗户，窗为砖红漆钢窗，部分大门为砖红漆铁门，与窗色调一致，为典型的20世纪50年代装饰风格。建筑顶部有人字坡采光通风屋顶，建筑内部钢桁架屋顶结构清晰可见，下接砖柱。

该建筑是20世纪50年代留存的工业遗产之一，是军工厂历史文化的重要印记，具有一定的历史价值。

原北京大华无线电仪器厂电镀表面车间全景

南立面

墙面宣传画

侧高窗

北京六一幼儿院历史建筑群

北京六一幼儿院坐落在北京西郊颐和园与玉泉山之间的青龙桥地区，依山傍水，环境优美，是北京市规模较大的一所寄宿制幼儿园。

其前身是1945年6月1日于延安创建的"延安第二保育院"，1949年9月迁至北京，1950年更名为"北京六一幼儿院"。

1951年，在苏联专家的帮助下，根据当时的建设规划，建成了包括幼儿一部、幼儿二部及行政办公用房等在内的主体建筑群，以及幼儿病房、游泳池、幼儿活动区、宿舍楼等配套设施，并开辟了果园，兴建了花房，进行了充分绿化，使幼儿院初具规模。其后，又在用地西北侧建立了独立的幼儿三部楼。

20世纪50年代初期兴建的建筑采用了较高标准，为以后的建设奠定了良好的基础。60～80年代初，仅在用地周边兴建了部分宿舍楼，而幼儿教学区和生活区的格局及绿化维持完好。

本次将20世纪50年代建设的主楼（包括幼儿一部、幼儿二部及行政办公用房等）及西北侧的教学楼（幼儿三部楼）2座建筑列为历史建筑。

该建筑群内的建筑是新中国成立初期在苏联专家的帮助下设计的幼儿园建筑，极具时代特征和科学价值；同时，作为"延安第二保育院"的延续，其"马背摇篮"的历程和精神具有较高的历史意义和教育意义；建筑造型灵动，空间变化丰富，搭配庭院绿化设计，具有一定的艺术价值。

历史建筑清单

历史建筑名称	历史建筑编号
北京六一幼儿院主教学楼	BJ_HD_HDZ_0001_01
北京六一幼儿院北教学楼	BJ_HD_HDZ_0001_02

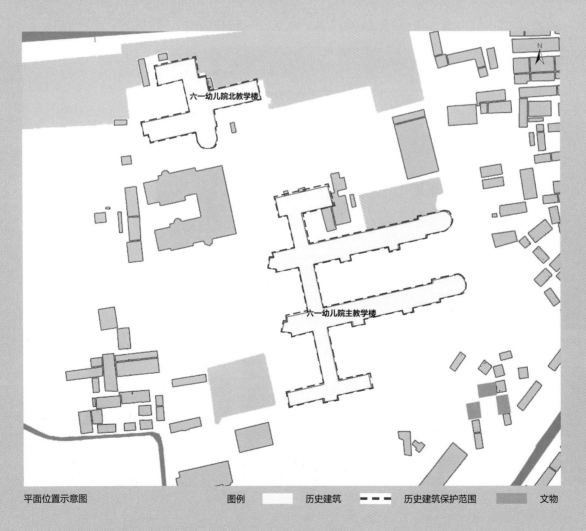

六一幼儿院北教学楼

六一幼儿院主教学楼

平面位置示意图　　　　　图例　　　历史建筑　　━ ━ ━ 历史建筑保护范围　　　文物

01 北京六一幼儿院主教学楼

BJ_HD_HDZ_0001_01

建筑类别	近现代公共建筑
年 代	1949～1979年
建筑层数	2层
建筑结构	砖混结构
公布批次	第二批

建筑概况

北京六一幼儿院主教学楼包括幼儿一部、幼儿二部及行政办公用房等，于1951年建成投入使用。至今功能未变，正对大门的南北向建筑为办公楼，中间两条平行的南北向主体建筑分别为幼儿一部楼和幼儿二部楼，最北面为附属用房。

该楼正对入口，在入口雕塑、花坛后。平面布局舒展，俗称"飞机楼"，东西向两短两长4个长条形建筑，由南北向建筑相连接。砖混、木屋架结构、坡屋顶建筑，东西向主体建筑均为2层，南北向连接建筑为1层。办公楼入口面南，为三角形山墙面。幼儿一部楼和幼儿二部楼均面南设置两个入口，入口上方二层为外凸的三角形窗，一、二层中间设计花架作为装饰，南立面柱子突出墙面，形成韵律感。建筑外立面原为青砖清水墙，现外贴粉色及灰色面砖，屋面改为红色预制板瓦面。幼儿楼分为8个单元，每单元按容纳25名幼儿设计，有单独的卧室、活动室和浴室，卧室和活动室等均为木质地板。

北京六一幼儿院主教学楼全景

东立面

屋檐

外立面校徽

02 北京六一幼儿院北教学楼

BJ_HD_HDZ_0001_02

建筑类别	近现代公共建筑
年 代	1949～1979年
建筑层数	2层
建筑结构	砖混结构
公布批次	第二批

建筑概况

北京六一幼儿院北教学楼为幼儿三部楼，分为4个单元，至今功能未变，仍作为幼儿教学、生活楼使用。

该楼位于学校用地的西北角，其东北侧为大片草坪绿地。主入口面东，平面也类似飞机形，东西两翼和南北向主体建筑均为2层，北端建筑1层，最南端接一层的弧形教室。砖混木屋架结构，坡屋顶。建筑外立面原为青砖清水墙，现外贴粉色及灰色面砖，屋面改为红色预制板瓦面。坡屋顶外凸形成悬山。所有二层建筑的立面柱子突出墙面，产生一定的韵律感。设计遵从功能，南立面开大窗，北立面开高窗，符合幼儿学生、生活的需求。

北京六一幼儿院北教学楼全景

南立面

立面壁柱

屋檐

国家图书馆总馆南区（原北京图书馆新馆）

国家图书馆总馆南区（原北京图书馆新馆）前身是京师图书馆，筹建于清朝末年（1910年），1912年正式开放，其馆藏继承了南宋辑熙殿、明朝文渊阁及前朝内阁大库的藏书。1928年改称国立北平图书馆。

1975年3月由周恩来总理和中央中共、国务院其他领导人批准了建设北京图书馆新馆的项目，建成后是我国当时规模宏大的现代化国家图书馆。1983年1月完成了工程设计，出图2800多张。1983年10月该馆正式破土动工并被列入国家重点建设项目。1987年7月基本竣工，同年10月6日举行开馆典礼。1998年12月，经国务院批准，北京图书馆更名为国家图书馆，对外称中国国家图书馆。

该工程获1987年度北京市优质工程、1988年度建筑工程鲁班奖和1989年建设部优秀设计一等奖。此外该工程被列为北京20世纪80年代十大建筑。

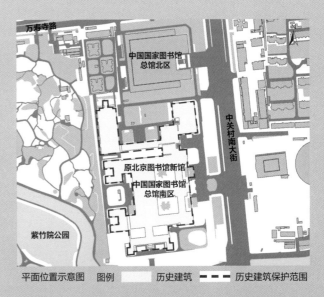

历史建筑清单

历史建筑名称	历史建筑编号
国家图书馆总馆南区（原北京图书馆新馆）	BJ_HD_ZZY_0003

国家图书馆总馆南区（原北京图书馆新馆）全景（一）

01 国家图书馆总馆南区（原北京图书馆新馆）

BJ_HD_ZZY_0003

建筑类别	近现代公共建筑
年 代	1983～1987年
建筑层数	19层，地下3层
建筑结构	钢筋混凝土
公布批次	第三批

国家图书馆总馆南区（原北京图书馆新馆）全景（二）

国家图书馆总馆南区（原北京图书馆新馆）全景（三）

东立面

建筑概况

国家图书馆总馆南区（原北京图书馆新馆）于1975年3月经国家批准兴建，坐落在紫竹院公园的东北侧。设计方案在多次竞赛评选后选择了杨廷宝、戴念慈、张镈、吴良镛、黄远强5位专家合作的书库居中方案。在此基础上，杨芸、翟宗璠、黄克武等建筑师进行了设计。1987年建成后，成为当时国内最大的综合性研究图书馆。

该建筑以地上19层、高64米的书库为中心，周围环绕着多栋2～6层的建筑，功能为阅览、展览、学术报告、办公等，形成了一个相互连接的、有内院的建筑群。建筑采用传统的中轴对称布局，吸取我国传统建筑手法和古典园林特色，创建了"馆园结合"的书院式图书馆风格。建筑外形高低错落，屋顶形式借鉴传统建筑的同时又适应了现代施工，使用筒板瓦连成一体的改良孔雀蓝琉璃瓦，简化造型，取消厚重泥背，将传统飞檐翘角改为平直方角，挑檐采用带有椽子形象的钢筋混凝土扩挑板。外墙采用淡灰白点釉面砖、粒状大理石线脚、花岗石基座和台阶、汉白玉贴面栏杆；配以古铜色铝合金窗和茶色玻璃。此外还吸取中国传统园林的设计手法布置了3个内院，设置水池、曲桥、亭子等，点缀花木。

该建筑为北京市的文化发展和城市建设起到了重要的推动作用，被评为北京20世纪80年代十大建筑，也成为市民心中的城市标志性建筑之一。该建筑朴实大方，有中华民族特色及文化传统特色，体现了20世纪80年代的先进建造技术，有较高的艺术和科学价值。

屋顶及屋檐

主入口

北京林业大学近现代历史建筑群

北京林业大学历史可追溯至1902年的京师大学堂农业科林学目。

1952年全国高校院系调整，北京农业大学森林系与河北农学院森林系合并，成立北京林学院。

1956年，北京农业大学造园系和清华大学建筑系一部分并入学校。

1985年，更名为北京林业大学。

本次列为历史建筑的包括文化教育类建筑5栋：北京林业大学1号、2号、3号、4号、5号宿舍楼。

该建筑群内的宿舍楼建筑作为北京林业大学建校之初的第一批建筑，有一定的历史价值；建筑布局严谨，沉稳大气，入口门头等装饰有一定的艺术价值。

历史建筑清单

历史建筑名称	历史建筑编号
北京林业大学1号宿舍楼	BJ_HD_XYL_0002_01
北京林业大学2号宿舍楼	BJ_HD_XYL_0002_02
北京林业大学3号宿舍楼	BJ_HD_XYL_0002_03
北京林业大学4号宿舍楼	BJ_HD_XYL_0002_04
北京林业大学5号宿舍楼	BJ_HD_XYL_0002_05

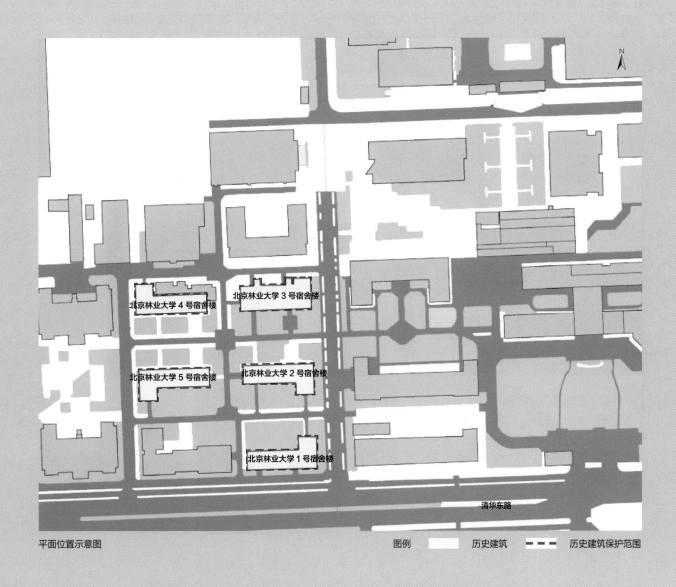

平面位置示意图

图例 ▢ 历史建筑 ╍╍╍ 历史建筑保护范围

01 北京林业大学1号宿舍楼

BJ_HD_XYL_0002_01

北京林业大学1号宿舍楼，位于北京林业大学西南侧，与2号、3号、4号、5号宿舍楼同期建设，形制基本相同，于1954年建成，现仍为学生宿舍楼。

北京林业大学1号宿舍楼，共5层，为砖混结构，平屋顶，建筑南北向，朝南。平面呈"L"形，水刷石墙面。主入口水磨石台阶，立面上规则开窗，规整严谨，混凝土过梁窗，构造柱突出墙面分隔立面，墙体顶部有挑檐，平屋顶。

建筑类别	近现代公共建筑
年　代	1949～1979年
建筑层数	5层
建筑结构	砖混结构
公布批次	第三批

南立面

墙面及檐部

立面装饰

墙面爬藤植物

02 北京林业大学2号宿舍楼

BJ_HD_XYL_0002_02

建筑类别	近现代公共建筑
年　代	1949～1979年
建筑层数	5层
建筑结构	砖混结构
公布批次	第三批

建筑概况

北京林业大学2号宿舍楼，位于北京林业大学西南侧，与1号、3号、4号、5号宿舍楼同期建设，形制基本相同，于1954年建成，现仍为学生宿舍楼。

北京林业大学2号宿舍楼共5层，为砖混结构，四坡脊屋面，建筑南北向，朝南。平面呈"L"形，清水青砖墙体，一顺一丁砌筑，水刷石饰面台基。主入口水磨石台阶，做水刷石饰面门头，门头顶部中饰海棠线，两侧回形纹，入口突出较为醒目。立面上规则开窗，规整严谨，混凝土过梁窗，青砖斗砌窗台，构造柱突出墙面分隔立面，四、五层有混凝土圈梁，圈梁与墙面相平。墙体顶部有挑檐，挑檐立面漆绿，挑檐底部为木板条吊顶。屋面铺灰机瓦。

北京林业大学 2 号宿舍楼全景

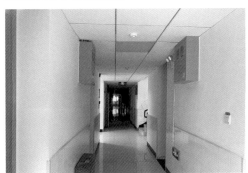

内部场景

檐部

墙面

03 北京林业大学3号宿舍楼

BJ_HD_XYL_0002_03

建筑类别	近现代公共建筑
年　代	1949～1979年
建筑层数	5层
建筑结构	砖混结构
公布批次	第三批

建筑概况

北京林业大学3号宿舍楼，位于北京林业大学西南侧，与1号、2号、4号、5号楼同期建设，形制基本相同，于1954年建成，现为教职工宿舍。

北京林业大学3号宿舍楼共5层，为砖混结构，四坡脊屋面，建筑南北向，朝南。清水青砖墙体，一顺一丁砌筑，水刷石饰面台基。主入口水磨石台阶，做水刷石饰面门头，门头顶部中饰海棠线，两侧回形纹，入口突出较为醒目。立面上规则开窗，规整严谨，混凝土过梁窗，青砖斗砌窗台，构造柱突出墙面分隔立面，四、五层有混凝土圈梁，圈梁与墙面相平。墙体顶部有挑檐，挑檐立面漆绿，挑檐底部为木板条吊顶。屋面铺灰机瓦。

北京林业大学3号宿舍楼全景

檐部

墙面

窗

04 北京林业大学4号宿舍楼

BJ_HD_XYL_0002_04

建筑类别	近现代公共建筑
年　代	1949～1979年
建筑层数	5层
建筑结构	砖混结构
公布批次	第三批

建筑概况

北京林业大学4号宿舍楼，位于北京林业大学西南侧，与1号、2号、3号、5号楼同期建设，形制基本相同，于1954年建成，现仍为学生宿舍楼。

北京林业大学4号宿舍楼共5层，为砖混结构，四坡脊屋面，建筑南北向，朝南。平面呈"L"形，清水青砖墙体，一顺一丁砌筑，水刷石饰面台基。主入口水磨石台阶，做水刷石饰面门头，门头顶部中饰海棠线，两侧回形纹，入口突出较为醒目。立面上规则开窗，规整严谨，混凝土过梁窗，青砖斗砌窗台，构造柱突出墙面分隔立面，四、五层有混凝土圈梁，圈梁与墙面相平。墙体顶部有挑檐，挑檐立面漆绿，挑檐底部为木板条吊顶。屋面铺灰机瓦。

北京林业大学4号宿舍楼全景

西立面

入口装饰

檐部

05 北京林业大学5号宿舍楼

BJ_HD_XYL_0002_05

建筑类别	近现代公共建筑
年　代	1949～1979年
建筑层数	5层
建筑结构	砖混结构
公布批次	第三批

建筑概况

北京林业大学5号宿舍楼，位于北京林业大学西南侧，与1号、2号、3号、4号楼同期建设，形制基本相同，于1954年建成，现仍为学生宿舍楼。

北京林业大学5号宿舍楼共5层，砖混结构，四坡脊屋面，建筑南北向，朝南。平面呈"L"形，清水青砖墙体，一顺一丁砌筑，水刷石饰面台基。主入口水磨石台阶，做水刷石饰面门头，门头顶部中饰海棠线，两侧回形纹，入口突出较为醒目。立面上规则开窗，规整严谨，混凝土过梁窗，青砖斗砌窗台，构造柱突出墙面分隔立面，四、五层有混凝土圈梁，圈梁与墙面相平。墙体顶部有挑檐，挑檐立面漆绿，挑檐底部为木板条吊顶。屋面铺灰机瓦。

北京林业大学5号宿舍楼全景

东立面

入口装饰

窗

中国农业大学近现代历史建筑群

　　中国农业大学是我国现代农业高等教育的起源地，其前身为1905年成立的京师大学堂农科大学。1949年9月由北京大学农学院、清华大学农学院和华北大学农学院合并为北京农业大学，并于1954年和1984年将北京农业大学列为全国六所重点院校和全国重点建设的十所高等院校之一。1952年10月，北京农业大学农业机械系与华北农业机械专科学校、中央农业部机耕学校合并成立北京机械化农业学院，1953年7月更名为北京农业机械化学院。1960年10月，北京农业机械化学院被列为全国64所重点大学之一，1985年更名为北京农业工程大学。1995年9月，经国务院批准，北京农业大学与北京农业工程大学合并成立中国农业大学。

　　该建筑群内的中国农业大学第二教学楼建筑为布局严谨的三段式苏联式建筑，整体稳重大方，富有时代特色。

　　该建筑群内的中国农业大学1号、2号、3号、4号、5号、7号楼是中国农业大学建校之初重要的实物见证，是新中国成立初期北京学校建筑的典型样例，有一定的历史价值；建筑立面上丁砖出挑，并组合成几何图案，极具特色，特殊的立面装饰具有一定的艺术和科学价值。

历史建筑清单

历史建筑名称	历史建筑编号
中国农业大学第二教学楼	BJ_HD_XYL_0003_01
中国农业大学1号楼	BJ_HD_XYL_0003_02
中国农业大学2号楼	BJ_HD_XYL_0003_03
中国农业大学3号楼	BJ_HD_XYL_0003_04
中国农业大学4号楼	BJ_HD_XYL_0003_05
中国农业大学5号楼	BJ_HD_XYL_0003_06
中国农业大学7号楼	BJ_HD_XYL_0003_07

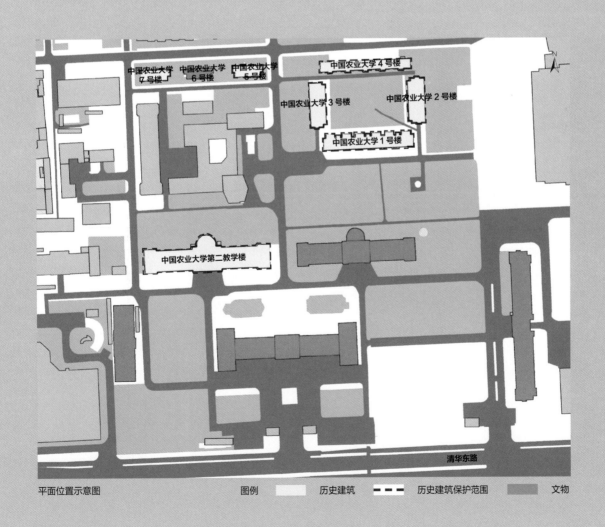

平面位置示意图　　　　图例　　■ 历史建筑　　- - - 历史建筑保护范围　　■ 文物

01 中国农业大学第二教学楼

BJ_HD_XYL_0003_01

中国农业大学第二教学楼位于农业大学主楼后身东侧，1953年建成，现为教学楼。

第二教学楼建筑砖混结构，南北向板楼，平屋顶。苏联式三段式建筑，两侧3层，中部4层，中部主入口处有入口门廊，整体立面用砖柱进行竖向分隔，富有韵律。台基表面石材贴面，清水砖墙，一顺一丁砌筑，砖柱上局部丁砖出挑半块砌筑，自下而上出挑丁砖呈菱形分布，富有韵律，极具特色。局部有混凝土阳台，雀替造型挑梁承托，阳台上有中式栏杆栏板。檐部砖砌水泥砂浆抹面线脚挑檐，檐部下有西式牛腿，正中顶部有红五角星。

建筑类别	近现代公共建筑
年　代	1949～1979年
建筑层数	3层
建筑结构	砖混结构
公布批次	第三批

北立面

中国农业大学第二教学楼全景

仿麻叶头挑梁

檐部

挑砖

02 中国农业大学1号楼
BJ_HD_XYL_0003_02

建筑类别	近现代公共建筑
年 代	1949～1979年
建筑层数	3层
建筑结构	砖混结构
公布批次	第三批

建筑概况

中国农业大学1号、2号、3号、4号楼均为20世纪50年代校园集中建设时期建成的教职工单身宿舍及家属楼。中国农业大学1号楼位于中国农业大学东校区中部,与2号、3号、4号楼呈"回"字形分布,1954年建成的教职工宿舍楼。

中国农业大学1号楼为3层3单元的南北向板楼,砖混结构,平屋顶,清水砖墙面,一顺一丁砌筑,下碱水泥砂浆抹面;每户挑露台,铁栏杆围护,露台下为仿雀替式挑梁;墙体顶部做挑檐,兼作天沟,挑檐水泥砂浆抹面,线脚精致,挑檐下做西式牛腿;挑檐上有女儿墙,立砖斗砌压顶;墙面上局部丁砖挑出半块砌筑,挑出砖排列有序,组合成多种几何图案,如线形、梅花形、菱形、螺旋线形状,富有韵律和特色。

中国农业大学1号楼全景

入口装饰

墙面装饰

仿雀替挑梁

03 中国农业大学2号楼

BJ_HD_XYL_0003_03

建筑类别	近现代公共建筑
年 代	1949～1979年
建筑层数	3层
建筑结构	砖混结构
公布批次	第三批

建筑概况

中国农业大学1号、2号、3号、4号楼均为20世纪50年代校园集中建设时期建成的教职工宿舍楼。中国农业大学2号楼位于中国农业大学东校区中部，与1号、3号、4号楼呈"回"字形分布，1954年建成，现为办公楼。

中国农业大学2号楼为东西向3层板楼，砖混结构，平屋顶，清水砖墙面，一顺一丁砌筑，下碱水泥砂浆抹面；两入口分别位于南北两山面，入口处有雨搭，雨搭横批有拉毛混凝土装饰，阳台出挑，阳台下为仿雀替式挑梁；墙体顶部做挑檐，兼作天沟，挑檐水泥砂浆抹面，线脚精致，挑檐下做西式牛腿；挑檐上有女儿墙，立砖斗砌压顶；墙面上局部丁砖挑出半块砌筑，挑出砖排列有序，组合成多种几何图案，如线形、梅花形，使墙面极具韵律感和装饰特色，具有较高的艺术价值。

中国农业大学2号楼全景

北立面

入口雨搭

挑台

04 中国农业大学3号楼
BJ_HD_XYL_0003_04

建筑类别	近现代公共建筑
年代	1949～1979年
建筑层数	3层
建筑结构	砖混结构
公布批次	第三批

建筑概况

中国农业大学1号、2号、3号、4号楼均为20世纪50年代校园集中建设时期建成的教职工宿舍楼。中国农业大学3号楼位于中国农业大学东校区中部，与1号、2号、4号楼呈"回"字形分布，1954年建成，现为办公楼。

中国农业大学3号楼为3层东西向板楼，砖混结构，平屋顶，清水砖墙面，一顺一丁砌筑，下碱水泥砂浆抹面；两入口分别位于南北两山面，入口处有雨搭，雨搭横批有拉毛混凝土装饰，阳台出挑，阳台下为仿雀替式挑梁；墙体顶部做挑檐，兼作天沟，挑檐水泥砂浆抹面，线脚精致，挑檐下做西式牛腿；挑檐上有女儿墙，立砖斗砌压顶；墙面上局部丁砖挑出半块砌筑，挑出砖排列有序，组合成多种几何图案，如线形、梅花形，增加了建筑的艺术特色。

中国农业大学3号楼全景

檐部

挑台与墙面装饰

入口装饰

05 中国农业大学4号楼
BJ_HD_XYL_0003_05

建筑类别	近现代公共建筑
年 代	1949~1979年
建筑层数	3层
建筑结构	砖混结构
公布批次	第三批

中国农业大学1号、2号、3号、4号楼均为20世纪50年代校园集中建设时期建成的教职工宿舍楼。中国农业大学4号楼位于中国农业大学东校区中部，与1号、2号、3号楼呈"回"字形分布，1954年建成。

中国农业大学4号楼为南北向板楼，砖混结构，3层5单元住宅楼，平屋顶。建筑立面清水砖墙面，一顺一丁砌筑，下碱水泥砂浆抹面；每户挑露台，铁栏杆围护，露台下为仿雀替式挑梁；墙体顶部做挑檐，兼作天沟，挑檐水泥砂浆抹面，线脚精致，挑檐下做西式牛腿；挑檐上有女儿墙，立砖斗砌压顶；墙面上局部丁砖挑出半块砌筑，挑出砖排列有序，组合成多种几何图案，线形、梅花形、菱形、螺旋线形状，此类装饰使墙面富有强烈的韵律感，具有艺术特色。

中国农业大学4号楼全景

檐部

入口雨搭

楼梯

06 中国农业大学5号楼
BJ_HD_XYL_0003_06

建筑类别	近现代公共建筑
年 代	1949~1979年
建筑层数	2层
建筑结构	砖混结构
公布批次	第三批

中国农业大学5号、6号、7号楼均为20世纪50年代校园集中建设时期建成。中国农业大学5号楼位于中国农业大学东校区中部，与6号、7号楼形制基本相同，依次排列，1953年建成，现为国家农业农村发展研究院使用。

中国农业大学5号楼为南北向2层板楼，砖混结构，平屋顶。三段式建筑，中部楼梯间凸起，入口位于南侧，入口处雨搭饰有拉毛混凝土门头；清水砖墙面，一顺一丁砌筑，下碱水泥砂浆抹面；北立面中部设有灰道；门窗上立砖斗砌过梁，窗台；阳台出挑，阳台下为仿雀替式挑梁；墙体顶部做挑檐，兼作天沟，挑檐水泥砂浆抹面，线脚精致，挑檐下做西式牛腿；挑檐上有女儿墙，立砖斗砌压顶。

东立面

檐部

入口雨搭

窗户

温泉路118号院内传统建筑

温泉路118号院内传统建筑为民国时期建筑，疑为民国将领孙岳墓守陵相关建筑，后期作为温泉镇幼儿园，承载了一代人的时代记忆。该建筑为中国传统木结构建筑，有一定的历史价值和艺术价值。

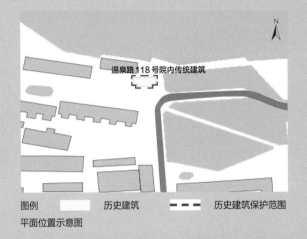

图例 ☐ 历史建筑 - - - 历史建筑保护范围

平面位置示意图

历史建筑清单

历史建筑名称	历史建筑编号
温泉路 118 号院内传统建筑	BJ_HD_WQZ_0001

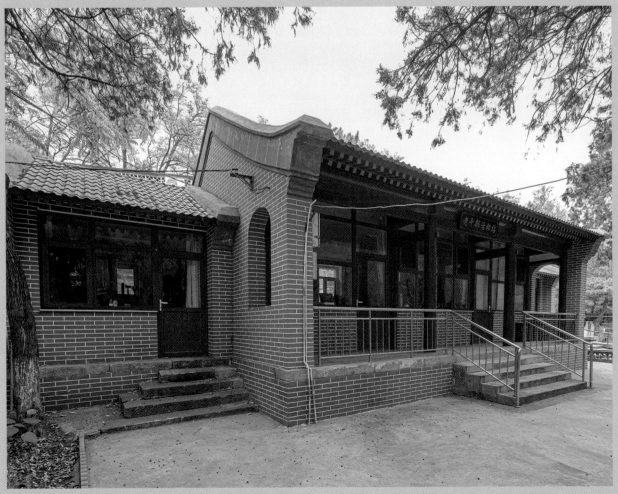

温泉路118号院内传统建筑全景（一）

01 温泉路118号院内传统建筑

BJ_HD_WQZ_0001

建筑类别	合院式建筑
年　代	1911~1949年
建筑层数	1层
建筑结构	砖木结构
公布批次	第三批

建筑概况

温泉路118号院传统建筑位于海淀区温泉镇北京老年医院北侧，民国时期建筑，初建时可能为孙岳墓守陵相关建筑，新中国成立后为温泉镇幼儿园使用，现为北京老年医院老干部活动站。

温泉路118号院内传统建筑为中国传统木结构建筑，坐北朝南，一正房，东西两侧有耳房，前有小庭院。正房为三开间七架卷棚硬山建筑，五架梁前后抱头梁，前出廊，廊东西两侧有拱门，青砖台基，阶条石压面，前廊方砖铺地，室内水泥砂浆地面，山墙及后檐墙为虎皮石墙心，漆红木柱，檐部飞椽，合瓦屋面，卷棚硬山顶，山面有博风砖。

温泉路118号院内传统建筑全景（二）

木构件（一）

木构件（二）

如意踏跺

砖博风及墀头

原中法大学所属第二农林试验场酒窖

原中法大学所属第二农林试验场酒窖原为对抗日作出重要贡献的法国医生贝熙业建造的私人酒窖，有一定的历史价值和社会价值。作为民国时期的私人酒窖建筑，建造形式、材料均有一定的代表性，具有一定的科学价值。

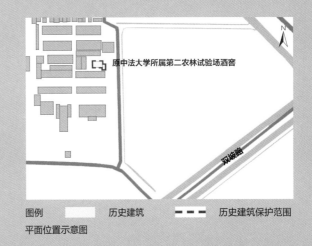

历史建筑清单

历史建筑名称	历史建筑编号
原中法大学所属第二农林试验场酒窖	BJ_HD_WQZ_0002

图例　　▢ 历史建筑　　▪▪▪ 历史建筑保护范围

平面位置示意图

原中法大学所属第二农林试验场酒窖全景（一）

01 原中法大学所属第二农林试验场酒窖

BJ_HD_WQZ_0002

建筑类别	工业遗产
年 代	1911～1949年
建筑层数	1层
建筑结构	砖混结构
公布批次	第三批

建筑概况

原中法大学所属第二农林试验场酒窖，位于海淀区温泉镇温泉苗圃内，为民国时期建筑，此前酒窖为中法大学董事、教授贝熙业建造的私人酒窖，用于存储葡萄酒。贝熙业是法国人，1913年来到中国，曾任法国驻中国大使馆医官、北京法国医院院长。1920年中法大学成立，贝熙业任董事、教授，在中国生活了40多年。贝熙业是一位在抗战期间无私地援助中国人民的白求恩式医生，2014年中法建交50周年大会上，习近平总书记在讲话中特别提到，"把宝贵的药品运往中国抗日根据地的法国医生贝熙业。"贝熙业为中国抗日战争作出重要贡献。

原中法大学所属第二农林试验场酒窖地上1层，地下1层，地上为北京传统坡屋顶建筑，地下酒窖为砖砌体结构。地上建筑为三开间五檩卷棚硬山建筑，作为储存酒具的场所，无木柱，砖承木梁，青砖墙体，山面及后檐墙为虎皮石墙心，前檐开砖拱窗，木窗完好，檐部为四层冰盘檐，布瓦筒瓦屋面，卷棚硬山顶，山面有砖博风。东侧突出一间，为地下酒窖入口，向下进入酒窖为一走廊，西侧连通两孔砖砌拱券形酒窖。

原中法大学所属第二农林试验场酒窖全景（二）

酒窖拱券顶

南立面

酒窖入口的盘头及砖博风

酒窖入口的木构件及木装修

后营村3号院

后营村3号民居为晚清民居，有一定的历史价值。室内木装修保存完整且制作精美，有一定的艺术价值。

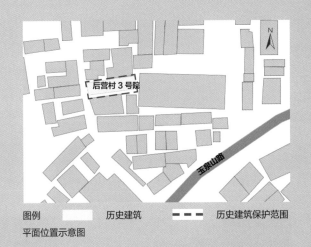

平面位置示意图

历史建筑清单

历史建筑名称	历史建筑编号
后营村3号院北房	BJ_HD_HDZ_0002

后营村3号院正立面

01 后营村3号院北房

BJ_HD_HDZ_0002

建筑类别	合院式建筑
年 代	清
建筑层数	1层
建筑结构	砖木结构
公布批次	第三批

建筑概况

后营村3号院位于海淀区海淀镇青龙桥后营村3号，晚清建筑，现存北房三间。据房主介绍，此房初建时的材料为修颐和园所剩。

后营村3号现存的北房面阔三间、七架卷棚硬山建筑。条石台基，现为水泥砂浆地面，青砖墙体，砖雕墀头，圆椽、方飞椽、大小连檐、瓦口木做工规矩。合瓦屋面，卷棚硬山顶，山面有砖博风，雕花博风头。正立面木装修完好，有步步锦、冰裂纹等多种棂条的格栅门与格栅窗，雕工精美，保存完整，室内木装修花罩、隔板门、横批、屏风等保存完整，雕刻花卉纹，雕工精湛，制作精美。

侧立面

门楼

室内木装修（一）

室内木装修（二）

室内木装修（三）

木门窗

屋檐

丰台区

将军楼

作为中华人民共和国国防部五院一分院成立之初修建的建筑，将军楼见证了其波澜壮阔的创业历程，具有一定的历史价值。建筑内集中展示了老一辈航天人的生平事迹，成为宣传航天历史、传播航天精神的重要窗口，具有广泛的社会教育意义。建筑保存较好，风格显著，体现一定的时代特征。

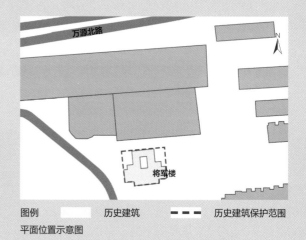

历史建筑清单

历史建筑名称	历史建筑编号
将军楼	BJ_FT_DGD_0001_01

图例 ▢ 历史建筑　▬▬▬ 历史建筑保护范围

平面位置示意图

将军楼全景

01 将军楼
BJ_FT_DGD_0001_01

建筑类别	居住小区
年 代	1949~1979年
建筑层数	2层
建筑结构	砖混结构
公布批次	第一批

建筑概况

将军楼建于1959年，是国防部五院一分院在丰台区万源路地区修建的一座首长宿舍楼。建筑始有院长刘瑄少将、政委张钧少将居住，后相继作为单身宿舍、干部宿舍使用。2008年辟为分院展室，2014年修缮，2017年对外开放。

将军楼由两组建筑单元东西对称布局，中部围合成内庭院，北半部环以围墙，形成独立院落。整组建筑南高北低，南部建筑高2层，坡屋顶，北部建筑高1层，平屋顶。建筑为砖混结构，立面造型受西方近现代建筑思潮影响，注意建筑自身比例与材料的运用，建筑屋面坡度平缓，水平方向阳台与舒展深远的挑檐统一起来，高低不同的墙垣形成丰富的构图关系。而外墙以红砖、水刷石墙面为主，辅以灰色瓦屋面及墨绿色木窗框、封檐板，塑造典雅之感。目前，楼内大部分房间基本恢复历史原貌，展品丰富：一楼中央集中展示两位将军生平简介与重要成就；二层结合房间陈列布置，展示与两位将军有关的历史物件。

将军楼西立面

围墙

木窗

水刷石及红砖墙面

宛平地区历史建筑群

宛平城原名拱极城，清代改为拱北城，始建于明崇祯十一年（1638年），历时3年建成。城居永定河东岸，正临卢沟桥，直扼京畿咽喉要道，地理位置十分重要。

全城东西长640米，南北宽320米，总面积20.8万平方米。作为卫城，宛平城"局制虽小，而崇墉百雉，俨若雄关"，且形制结构与普通城池不同，城内初始并无一般县城的大街、小巷、市场、钟鼓楼等设施，仅设东西两座城门。

清代以来，宛平城西及永定河两岸商户逐渐迁建城内，相继兴建酒肆、茶楼、驿站和祭祀庙宇，修建大量四合院民居，打破了单纯的军营格局。目前，城内仍留存大量历史院落（建筑），多为清代建设的。

1937年七七事变在这里爆发，继而抗日战争全面爆发。中国军民依托宛平城，对日本侵略者展开了英勇的抵抗，至今城墙上依然清晰可见当年日军炮火留下的累累弹痕，这里是中国人民伟大抗战历史的见证。

作为京郊历史延续最长、遗存类型最多、文化内涵最丰富的历史文化旅游观光区和爱国主义教育基地，宛平城在1961年被公布为第一批全国文物保护单位。

该组历史建筑群作为宛平城地区传统四合院民居的代表，见证了宛平城由军事防御性卫城向居住型县城转变的过程，具有一定的历史价值；建筑院落基本保存了传统四合院的格局、建筑风貌及特色构件，对于研究宛平城地区清代居住类建筑具有一定的历史研究价值。

历史建筑清单

历史建筑名称	历史建筑编号
宛平城139号院	BJ_FT_LGQ_0002
宛平城147号院	BJ_FT_LGQ_0003

平面位置示意图

图例 ▢ 历史建筑 ▬ ▬ ▬ 历史建筑保护范围 ▬ 文物

01 宛平城139号院
BJ_FT_LGQ_0002

建筑类别	合院式建筑
年　代	1644～1911年
建筑层数	1层
建筑结构	砖木结构
公布批次	第二批

序号	单栋建筑名称	单栋建筑编号
01	西厢房	BJ_FT_LGQ_0002_01
02	东厢房	BJ_FT_LGQ_0002_02

建筑概况

　　宛平城139号是清代修建的四合院。该组建筑位于城内北侧临街，东侧紧邻丰台交通支队卢沟桥大队。2001年在对城内街两侧临街建筑进行修缮的过程中，宛平城139号院落格局局部发生变化。目前该院落平面呈不规则状，入口现为一超市，院落内东、西厢房尚存，其他建筑均为后期改建。东、西厢房形制相同，为两开间，五架硬山，梁架结构尚存，保留布瓦屋面，皮条脊。

　　西厢房前檐墙完整保留清代支摘窗与木门，山墙为青砖墙体淌白砌筑，风貌尚佳。

木窗

屋顶

檐部装饰

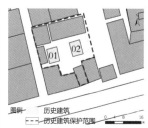
宛平城139号院历史建筑分布图

02 宛平城147号院
BJ_FT_LGQ_0003

建筑类别	合院式建筑
年　代	1644～1911年
建筑层数	1层
建筑结构	砖木结构
公布批次	第二批

序号	单栋建筑名称	单栋建筑编号
01	正方及耳房	BJ_FT_LGQ_0003_01

建筑概况

　　宛平城147号院是清代修建的四合院。地处宛平城城内街北，紧邻西侧城墙内环路，二进合院住宅，院落格局部分保留，现仅留存一进院正房及东、西耳房。正房三开间，五架硬山，梁架结构尚存，保留布瓦屋面，皮条脊，前檐墙完整保留清代支摘窗与木门，山墙为青砖墙体淌白砌筑，风貌尚佳。东、西耳房形制相同，为两开间，五架硬山，砖博风，合瓦屋面，皮条脊。

院外场景

木窗

檐部

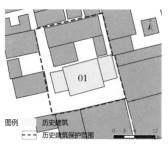
宛平城147号院历史建筑分布图

原北京第二通用机器厂历史建筑群

原北京第二通用机器厂，位于首钢工业园区的东南部——石景山区和丰台区交界处。北起长安街延长线、南抵京石路，西达五环路，东临四环路；南北贯通玉泉路至小屯路，东西贯通莲石快速路。工厂1958年建设规划，在北京市和机械工业部领导下，曾进行大规模技术改造，先后建设炼钢、铸钢、铸铁、模型、锻压、热处理等热加工车间和冷加工车间。配套完善了热加工装备和大型机械加工装备，成为具有冷热加工实力的重型机器制造骨干企业，跻身全国八大重机厂行列。工厂占地83公顷，曾拥有职工7500多人，受到过国家的表彰。

1978年更名为北京重型机器厂，先后为国家提供了2000多种大型铸锻件等热加工产品和1万多台套机器设备，广泛应用于矿山、冶金、建筑、石油、化工、国防等各个领域。1992年3月，工厂划归为首钢总公司，更名为首钢通用机械厂，1997年改名首钢重型机械厂。

该组历史建筑群作为原北京第二通用机器厂的主要功能建筑，展现了工厂的历史空间格局和完整工艺流线，见证了新中国成立初期北京近代以来工业的发展历史，历史价值显著；建筑保留着典型的工业建筑风格，展现时代风貌，具有一定的科学和艺术价值。

历史建筑清单

历史建筑名称	历史建筑编号
原北京第二通用机器厂组装车间	BJ_FT_LGQ_0004_01
原北京第二通用机器厂北热处理车间	BJ_FT_LGQ_0004_02
原北京第二通用机器厂南热处理车间	BJ_FT_LGQ_0004_03
原北京第二通用机器厂水压车间	BJ_FT_LGQ_0004_04
原北京第二通用机器厂制砂车间	BJ_FT_LGQ_0004_05
原北京第二通用机器厂厂史馆	BJ_FT_LGQ_0004_06

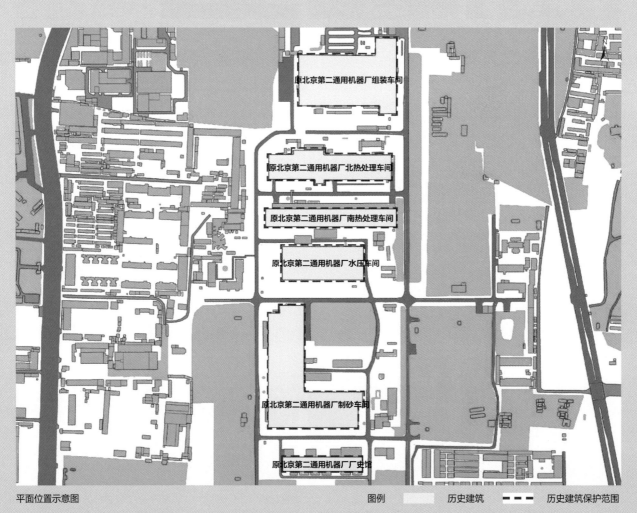

平面位置示意图　　　　　　　　图例 ▢ 历史建筑 ▄▄▄ 历史建筑保护范围

01 原北京第二通用机器厂组装车间

BJ_FT_LGQ_0004_01

建筑类别	工业遗产
年　代	1949～1979年
建筑层数	1层
建筑结构	框架结构
公布批次	第二批

建筑概况

原北京第二通用机器厂组装车间，建于1958年，目前位于厂区北门入口处。

整组建筑平面呈东西向的"T"形。建筑体量较大，室内通高约9米（檐口高度），钢桁架屋顶，框架结构。建筑外观统一采用红色砖墙，墙基、门窗套与山墙顶檐收边均采用灰色水泥砂浆饰面进行装饰。

西侧建筑作为主体部分，由5个矩形体块自北向南拼贴而成。因各体块均为坡屋顶形式，虽北端3组建筑单元略低于南部两组建筑单元，但连续的坡屋顶形式使西山墙呈连续的折线状，具有极强的韵律感。

与山墙面沿屋脊中线设窗不同，建筑南、北两侧立面均开联排窗，窗高逾5米，且北立面联排窗顶部设连续的水平向突出线脚，与下部墙体统一采用灰色水泥砂浆饰面；整组建筑各墙面均留有工业构件，统一刷黑漆，工业感较强。

原北京第二通用机器厂组装车间全景

西立面

立面窗

混凝土山墙顶檐

02 原北京第二通用机器厂北热处理车间

BJ_FT_LGQ_0004_02

建筑类别	工业遗产
年　代	1949～1979年
建筑层数	1层
建筑结构	框架结构
公布批次	第二批

建筑概况

原北京第二通用机器厂北热处理车间，建于1958年，位于组装车间南侧，与组装车间平行、呈行列式布局。

整组建筑平面呈矩形，东西向长约270米，南北向宽约50米，由4个相同的矩形体块拼接而成。北热处理车间采用框架结构形式，红砖清水墙体，墙基、门窗套与山墙顶檐收边统一采用外刷灰色水泥砂浆饰面。整组建筑结合门窗过梁设置多道圈梁，并因要连接支撑南侧龙门吊，故在南墙外侧贴设吊车梁与托架。4个矩形建筑单元均采用南北向的坡屋顶，不同的建筑高度呈现北低南高、西高东低的立面效果。高度较低的建筑单元，南、北立面设双排窗；高度较高的建筑，单元南、北立面设三排窗；山墙面不设窗，且各立面均留有工业构件作为装饰，配以巨大英文字母标志，工业感较强。

原北京第二通用机器厂北热处理车间全景

西立面

入口大门

吊车梁与托架

03 原北京第二通用机器厂南热处理车间

BJ_FT_LGQ_0004_03

建筑类别	工业遗产
年 代	1949～1979年
建筑层数	1层
建筑结构	框架结构
公布批次	第二批

建筑概况

原北京第二通用机器厂南热处理车间与北热处理车间同建于1958年，两个车间紧密配置，都是热处理车间，且整体呈南北平行、行列式布局。

南热处理车间的建筑平面为矩形，东西向长约270多米，南北向宽约30米。整组建筑体量较大，室内通高约9米（檐口高度），框架结构。采用红色清水砖墙，墙基、门窗套与山墙顶檐收边均采用灰色水泥砂浆饰面，与北热处理车间风格一致。

建筑立面开窗以平开窗为主，且南、北墙面窗户组合多为带状长窗，韵律感强；立面上钢结构构件较多，并结合多层圈梁、黑色大门构件等，共同体现出显著的近代工业建筑风格。

原北京第二通用机器厂南热处理车间全景

北立面

窗

外墙设备

04 原北京第二通用机器厂水压车间

BJ_FT_LGQ_0004_04

建筑类别	工业遗产
年 代	1949～1979年
建筑层数	1层
建筑结构	框架结构
公布批次	第二批

建筑概况

原北京第二通用机器厂水压车间，建于1958年，原为水压车间，位于南热处理车间之南。

建筑平面为矩形，进深较大，东西向长约170多米，南北向宽约70米，占地面积约为11900平方米。建筑为框架结构，外墙采用红砖清水墙面，墙基、门窗套与山墙顶檐收边统一为外刷灰色水泥砂浆饰面，与厂区其他建筑保持风格一致。东、西山墙面因3组连续的坡屋顶组合，竖直向组合长窗，塑造丰富韵律效果。南、北立面均设上下两排窗，且因窗下墙间距较两侧山墙大，呈现出不同的立面效果；面向厂区主路的南立面，在底层窗间墙外侧贴设排架柱与吊车梁，连接支撑南侧龙门吊，并塑造了更为丰富的立面效果。整组建筑立面简洁大气，体现了近代工业建筑风格。

原北京第二通用机器厂水压车间全景

东立面

窗

大门

05 原北京第二通用机器厂制砂车间

BJ_FT_LGQ_0004_05

建筑类别	工业遗产
年　代	1949～1979年
建筑层数	1层
建筑结构	框架结构
公布批次	第二批

建筑概况

原北京第二通用机器厂制砂车间，建于1958年。

制砂车间整组建筑呈"L"形，由东西、南北向两个矩形体块单元组成。采用框架结构，外墙为红砖清水墙面，建筑基座、窗下墙、门窗套以及山墙顶檐收边等部位均采用灰色水泥砂浆饰面，形成素雅、简朴的外观效果。

紧邻南侧主路的东西向矩形体块，东山墙因3组连续的坡屋顶组合，且有前后进深变化，以及竖向组合长窗，塑造丰富韵律效果；北立面设三排窗，巧借窗间墙材料变化，形成竖直向组合长窗排列形式，底层窗外侧贴设排架柱与吊车梁，呈现与南立面不同的效果；南北向矩形体块整体风格与之一致。

原北京第二通用机器厂制砂车间全景　　　东立面　　　龙门吊

06 原北京第二通用机器厂厂史馆

BJ_FT_LGQ_0004_06

建筑类别	工业遗产
年　代	1949～1979年
建筑层数	4层
建筑结构	框架结构
公布批次	第二批

建筑概况

原北京第二通用机器厂厂史馆建于1958年，位于厂区南入口西侧，原为铸铁车间，现已改造。

厂史馆建筑平面为矩形，南立面外侧有加建建筑，为主入口空间。建筑层数为4层(室内后期改建)，框架结构，屋面形式为桁架结构，并结合屋顶造型开设弧形玻璃天窗。建筑立面仍为红砖清水墙面，结合门窗造型，各立面均装饰灰色水泥砂浆饰面的线条进行分隔。北立面与外部的龙门吊等工业设备相结合，形成层次丰富的立面和外部空间效果。建筑开窗底层较大，上层窗户呈水平带状分布，形成较好的虚实对比关系，体现出典型的近代工业建筑风格。建筑内部主要作为展览空间使用。

原北京第二通用机器厂厂史馆全景　　　山墙面窗　　　窗户装饰

原北京无线电磁性材料厂报告厅

原北京无线电磁性材料厂，现在是北京吉盛佳磁性材料有限公司，位于丰台区大红门东后街143号，现属于大红门街道办事处管理，并由北京北方汇隆投资管理有限公司负责日常维护。

1965年为实现电子行业专业化生产，在丰台区永定门外大红门东后街成立北京无线电磁性材料厂，隶属于当时的北京市电子工业办公室，由北京无线电研究所铁氧体研究室技术人员和电声元件厂磁性材料车间合并组建而成。北京无线电磁性材料厂是电子工业部9个重点厂之一，以生产各种软磁元件、硬磁元件以及变压器为主要业务。

1998年北京无线电磁性材料厂与北京电视配件三厂合并；1999年更名为北京吉华无线电磁性材料厂。

2006年北京吉华无线电磁性材料厂撤销建制，其生产经营业务并入吉乐电子集团有限公司的子公司——北京吉盛佳磁性材料有限公司，厂址不变。厂内有历史价值的建筑现多已拆除，据现场考察，仅留一处报告厅保存完好。该报告厅位于北京吉盛佳磁性材料有限公司院落入口东侧，南北均为厂区道路。

该报告厅建于1965年，现空置。

历史建筑清单

历史建筑名称	历史建筑编号
原北京无线电磁性材料厂报告厅	BJ_FT_DHM_0001

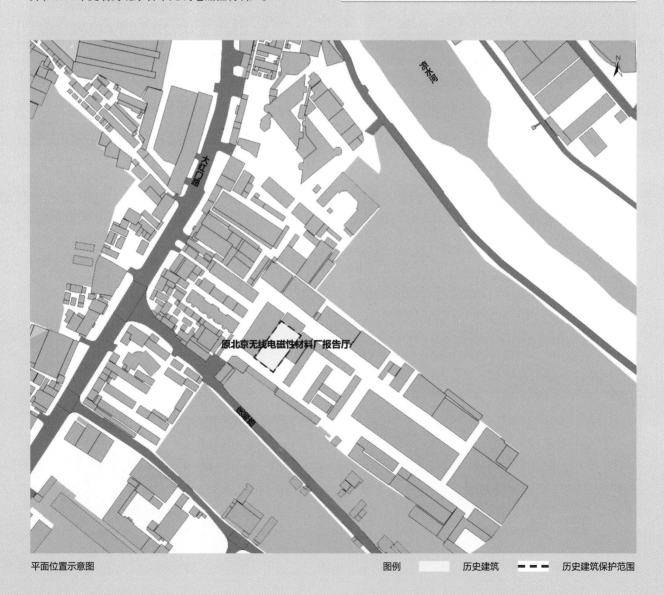

平面位置示意图

图例　　　历史建筑　　━ ━ ━　历史建筑保护范围

01 原北京无线电磁性材料厂报告厅

BJ_FT_DHM_0001_01

建筑类别	工业遗产
年　代	1949～1979年
建筑层数	1层
建筑结构	砖混结构
公布批次	第二批

原北京无线电磁性材料厂报告厅位于公司院落入口东侧，是北京无线电磁性材料厂1965年在此建厂时期的建筑，功能为报告厅，现空置。

建筑高1层，整体立面呈现三段式，立面有多个竖向壁柱进行分割。建筑墙体为红砖墙，墙基线脚突出，顶部设置圈梁，圈梁和檐口共同形成较为稳重大气的立面效果。墙体勒脚、砖砌封檐及其他细部较为精细。入口设在西南侧山墙，山墙开窗较小，窗上装饰有西式风格的拱形窗套，圈梁、柱和窗套交错设置。其他两侧平开窗。入口两侧对称分布两个方形烟囱，烟囱顶部装饰复杂线脚。内部空间较大，室内吊顶，功能适应性较强。该建筑历史上进行过维修，烟囱能够看到明显的加固痕迹，外立面二次粉刷为朱砂色。

该建筑是典型的中西合璧式工业建筑，在北京近现代工业建筑研究方面，有一定历史价值。建筑保留着典型的工业建筑风格，体现一定的时代特色，有一定的科学和艺术价值。

原北京无线电磁性材料厂报告厅全景

西立面

墙面装饰

烟囱

木质博风

勒脚

长辛店地区历史建筑群

长辛店老镇位于燕山山脉的南麓，永定河西岸，卢沟古渡南侧。元代，长辛店称为"泽畔店"。元仁宗延祐四年（1317年）于卢沟桥泽畔店琉璃河并置巡检司，是所见关于长辛店建制的最早记载。明代形成长店、新店两个村，长店在南，新店在北。后来店铺日益增多而连接在一起，取名"长新店"。"辛"古代通"新"字，故形成了今天的"长辛店"。

长辛店位于南方与京城之间往来的主要交通干道，人、物流通频繁，产生了繁荣的商业，在清代是京西重要的粮食交易集散地和重要的酿造业产地。19世纪末长辛店地区通铁路，1901年，卢汉铁路长辛店机车厂在长辛店三合庄成立，是北京的第一座工厂，也是最早的工业中心之一，随之居民人口较快增长，促成了今日之街巷体系与街区格局。长辛店老镇保存了完整连贯的长辛店大街商业与交通空间，衍生形成了"鱼骨形"街区空间格局，以及包括种类丰富的宗教建筑和数量较多的传统住宅在内的历史建筑，是商业与交通活动主导下村镇发展历史过程、结果和文化形态的空间载体。

长辛店是工人运动的摇篮，是马克思主义传入后中国共产党最早理论联系实际、发动群众实践的阵地之一。在此发生了众多具有重大意义的革命历史事件，保存了许多革命史迹。

长辛店老镇以老字号商号和长辛店大街市集为代表的商业文化作为基石，不同背景人群的流动和融合带来了佛教、道教、伊斯兰教、基督教多种宗教并存的丰富文化形态。

长辛店地区历史建筑清单

历史建筑名称	历史建筑编号
长辛店火车站	BJ_FT_CXD_0001
长辛店原冯家大院	BJ_FT_CXD_0002
长辛店聚来永副食店	BJ_FT_CXD_0003
长辛店原夏家院	BJ_FT_CXD_0004
长辛店冯家旧址	BJ_FT_CXD_0005
教堂胡同94号院	BJ_FT_CXD_0006
长辛店原回民食堂	BJ_FT_CXD_0007
长辛店原第一理发店	BJ_FT_CXD_0008
教堂胡同77号院	BJ_FT_CXD_0009
教堂胡同128号院	BJ_FT_CXD_0010
火神庙口9号院	BJ_FT_CXD_0011
长辛店原忆年华照相馆	BJ_FT_CXD_0012
长辛店大街188号院	BJ_FT_CXD_0013
曹家口11号院	BJ_FT_CXD_0014
火神庙口10号院	BJ_FT_CXD_0015
火神庙口4号院	BJ_FT_CXD_0016
娘娘宫5号院	BJ_FT_CXD_0017
留养局口18号院	BJ_FT_CXD_0018
王家5号院	BJ_FT_CXD_0019
留养局口13号院	BJ_FT_CXD_0020
长辛店大街179号院	BJ_FT_CXD_0021
西后街8号院	BJ_FT_CXD_0022
西后街37号院	BJ_FT_CXD_0023
长辛店原云盛号布店	BJ_FT_CXD_0024
长辛店小老爷庙旧址	BJ_FT_CXD_0025
西后街85号院	BJ_FT_CXD_0026
长辛店大街281号院	BJ_FT_CXD_0027
长辛店大街299号院	BJ_FT_CXD_0028
长辛店大街287号院	BJ_FT_CXD_0029

长辛店地区的文物清单

名称	保护级别
长辛店二七大罢工旧址（包括二七机车厂、长辛店留法勤工俭学预备班旧址、二七烈士墓、劳动补习学校旧址、工人夜班通俗学校旧址、警察局驻地旧址）	全国重点文物保护单位
镇岗塔	全国重点文物保护单位
长辛店留法勤工俭学旧址	省级文物保护单位
丰台娘娘庙	省级文物保护单位
长辛店二七革命遗址	省级文物保护单位
福生寺	省级文物保护单位
二七烈士墓	市、县级文物保护单位
娘娘宫	市、县级文物保护单位
长辛店清真寺	市、县级文物保护单位
张辅张懋墓前石雕	市、县级文物保护单位
和尚塔	市、县级文物保护单位
老爷庙	市、县级文物保护单位
长辛店火神庙	市、县级文物保护单位
刘秉权墓	尚未核定为保护单位
敕赐佑善祥重修碑	尚未核定为保护单位
杨公墓石刻	尚未核定为保护单位
长辛店大街石碑	尚未核定为保护单位
李嗣兴碑	尚未核定为保护单位
王维珍碑	尚未核定为保护单位
高庙	尚未核定为保护单位
马慧裕碑	尚未核定为保护单位
二老庄村老爷庙	尚未核定为保护单位
五圣寺	尚未核定为保护单位
三官庙	尚未核定为保护单位
八一射击场石碑	尚未核定为保护单位
张公墓志铭	尚未核定为保护单位
长辛店永济桥	尚未核定为保护单位
宋家坟碉堡	尚未核定为保护单位
连山岗石刻	尚未核定为保护单位
护国万行寺碑	尚未核定为保护单位
马氏墓志铭	尚未核定为保护单位
蒋母崔氏墓志铭	尚未核定为保护单位
菩萨庙	尚未核定为保护单位
张公墓石刻	尚未核定为保护单位
普慈万安寺碑	尚未核定为保护单位

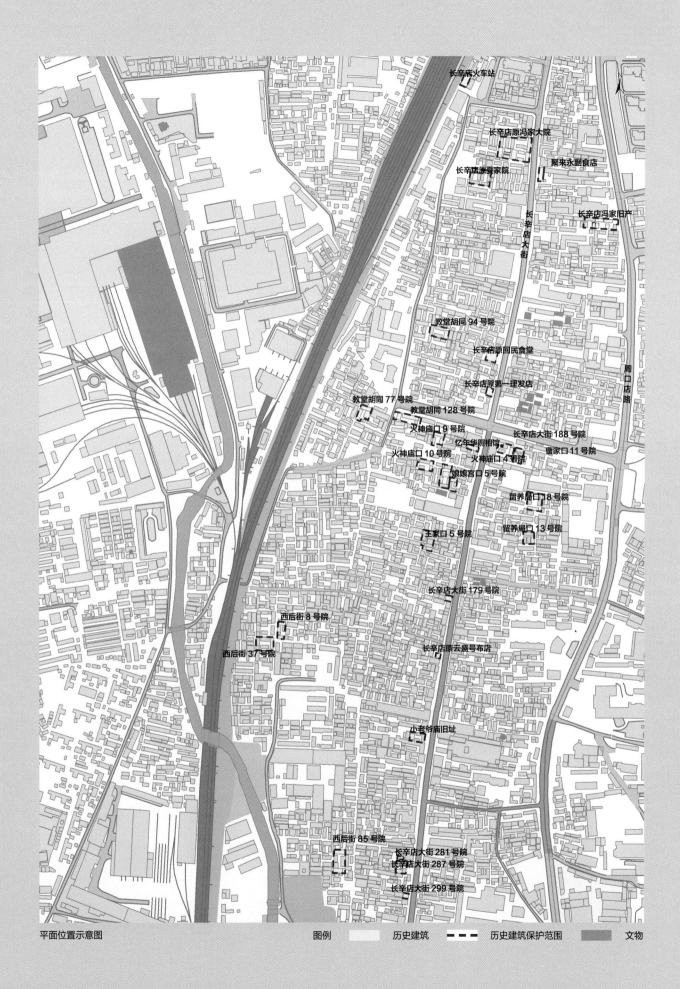

长辛店火车站

长辛店原冯家大院

长辛店原曼家院

聚来永副食店

长辛店冯家旧产

长辛店大街

周口店路

教堂胡同 94 号院

长辛店原回民食堂

长辛店原第一理发店

教堂胡同 77 号院

教堂胡同 128 号院

火神庙口 9 号院

长辛店大街 188 号院

忆年华照相馆

火神庙口 10 号院

火神庙口 4 号院

曹家口 11 号院

娘娘宫口 5 号院

留养局口 18 号院

王家口 5 号院

留养局口 13 号院

长辛店大街 179 号院

西后街 8 号院

长辛店原云盛号布店

西后街 37 号院

小老爷庙旧址

西后街 85 号院

长辛店大街 281 号院

长辛店大街 287 号院

长辛店大街 299 号院

平面位置示意图

图例 ▢ 历史建筑 ---- 历史建筑保护范围 ▨ 文物

01 长辛店火车站

BJ_FT_CXD_0001

建筑类别	近现代公共建筑
年 代	1644～1911年
建筑层数	1层
建筑结构	砖混结构
公布批次	第三批

建筑概况

清末洋务运动，主张开办近代军事工业，以巩固政权。修筑铁路是其重要内容之一。光绪二十二年（1896年），清政府任命盛宣怀督办筹建卢沟桥至湖北汉口的卢汉铁路（即京汉铁路）。全路分几段修筑，其中卢沟桥至保定为卢保铁路。长辛店火车站为卢保铁路沿线站点，先期建设，于1899年建成，为法国人设计建造，原为京汉铁路站点，后为京广线北京段三等站，曾为进出北京的重要交通枢纽。1923年中国共产党领导的工人运动，京汉铁路工人大罢工（即二七大罢工），长辛店为主要发起地，长辛店火车站为重要的见证地。

长辛店火车站，砖混结构，人字坡屋顶，前出一跨作为前廊。前廊平屋顶，西式廊柱，过梁上饰西式线脚，顶部有西式瓶式栏杆，中部出三角山花面，手书"长辛店"字样，门窗饰有窗套。建筑现刷黄色、红色涂料。

长辛店火车站为中国早期铁路火车站，是中国共产党领导的工人运动的重要历史见证地。长辛店火车站历经铁道发展、铁路工人大罢工、抗日战争等影响中国近代社会变迁的重要历史事件，具有很高的历史价值。

长辛店火车站全景

西立面

宝瓶栏杆　　　　　　木博风

02 长辛店原冯家大院

BJ_FT_CXD_0002

建筑类别	合院式建筑
年 代	1911~1949年
建筑层数	1层
建筑结构	砖木结构
公布批次	第二批

序号	单栋建筑名称	单栋建筑编号
01	北路倒座	BJ_FT_CXD_0002_01
02	南路倒座	BJ_FT_CXD_0002_02
03	一进北厢房	BJ_FT_CXD_0002_03
04	一进南厢房	BJ_FT_CXD_0002_04
05	一进正房	BJ_FT_CXD_0002_05
06	二进北厢房	BJ_FT_CXD_0002_06
07	二进南厢房	BJ_FT_CXD_0002_07
08	二进正房	BJ_FT_CXD_0002_08

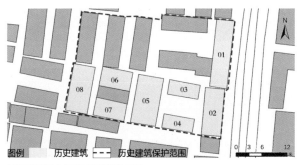

图例　■ 历史建筑　--- 历史建筑保护范围

长辛店原冯家大院历史建筑分布图

长辛店原冯家大院院外全景

建筑概况

明清时期长辛店是距离北京城最近的古驿站，是西南进京的必经要道，沿路诸多商铺、民居，形成"五里长街"，即今长辛店大街。长辛店原冯家大院坐西朝东，南北两路两进四合院，南路格局保存完整，北路仅剩倒座。

长辛店原冯家大院的南路为二进院落，临街倒座5间，北稍间为门道，如意门形式，石板底瓦合瓦屋面，院门上槛置梅花门簪2枚，门前如意踏跺3阶，门墩1对，院门内两侧做廊心墙，象眼原有雕花图样，但受损严重。檐下冰裂纹倒挂楣子装饰。迎门原有坐山影壁1座，现无存。一进正房5间，石板底瓦合瓦屋面，明间前出垂带踏跺4阶；南、北厢房各3间，石板瓦棋盘心屋面。二进正房5间，南、北厢房各3间，形制同第一进院厢房。前檐处多搭建房屋，院内杂乱。

长辛店原冯家大院的北路原为二进院，现仅剩倒座。坐西朝东，临街倒座7间，现作为照相馆及钟表店使用。明间为门道，石板底瓦合瓦屋面，院门上槛置梅花门簪2枚，门前如意踏跺3阶。墙体受损表面脱落严重，曾以大量红砖修补。门道内堆放大量杂物，院内房屋均已翻建。

该建筑是京西南地区的传统民居，南路格局较为完整，建造精湛，用料讲究，对研究北京地区传统民居的发展与演变以及对研究长辛店地区兴衰历史有一定价值。

墀头

抱鼓石

山墙三进三出硬心

03 长辛店原夏家院

BJ_FT_CXD_0004

建筑类别	合院式建筑
年 代	1911~1949年
建筑层数	1层
建筑结构	砖木结构
公布批次	第三批

序号	单栋建筑名称	单栋建筑编号
01	东侧正房	BJ_FT_CXD_0004_01
02	西侧正房	BJ_FT_CXD_0004_02

建筑概况

长辛店原夏家院为20世纪30年代夏家所建的两跨四合院，位于长辛店成合里5号。夏家院为东、西两四合院并排的格局，现格局仍存，但仅存两院北房路，其余建筑皆已翻盖。

长辛店原夏家院的西路正房面阔五间，东路正房面阔七间，两建筑整体均为木构架、青砖墙体保存完好。两建筑均为硬山顶，屋面瓦已更换为灰机瓦。东路正房绿色木柱，檐下单层木质圆椽。西路正房绿色木柱，檐下单层木质圆椽、方椽交替，多层砖叠墀头。门窗现已改为塑钢玻璃，风貌保存一般。

该建筑是京西南地区的传统民居，对于研究长辛店地区兴衰历史，以及北京地区传统民居的发展与演变有一定的历史和科学价值。

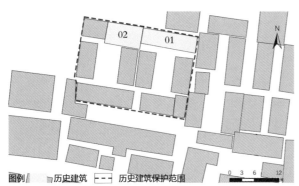

图例 ▨ 历史建筑 ▭▭ 历史建筑保护范围

长辛店原夏家院历史建筑分布图

屋檐木构件及屋顶

长辛店原夏家院院内全景（一）

屋檐木构件

长辛店原夏家院院内全景（二）

木柱

04 教堂胡同77号院

BJ_FT_CXD_0009

建筑类别	合院式建筑
年 代	1911～1949年
建筑层数	1层
建筑结构	砖木结构
公布批次	第三批

序号	单栋建筑名称	单栋建筑编号
01	正房	BJ_FT_CXD_0009_01
02	东厢房	BJ_FT_CXD_0009_02
03	西厢房	BJ_FT_CXD_0009_03

教堂胡同77号院院外全景

立面装饰

建筑概况

明清时期长辛店是距离北京城最近的古驿站，是西南进京的必经要道，沿路诸多商铺、民居，形成"五里长街"，即今长辛店大街。长辛店教堂胡同77号院，据说为20世纪30年代卢保铁路卢沟桥厂（二七厂前身）工头或买办的私人住宅院落。为传统四合院形制，现存正房、东厢房、西厢房。

教堂胡同77号院正房建筑坐北朝南，面阔五间，青砖墙体；建筑的木梁架、木柱保存完好；步步锦心屉的格栅窗、格栅门保存完整。木装修外部均漆绿色；多层砖叠雕花墀头，砖博风板下花砖气窗；檐下圆木椽；室内方砖地面，木梁架保留传统风貌。东西厢房基本完整，前檐墙皆有加建建筑遮。东厢房清水青砖墙，屋顶为卷棚硬山、过龙脊，屋面改为机瓦；局部保留步步锦木装修门窗、砖博风、冰盘檐。西厢房清水青砖墙，屋顶为卷棚硬山、过龙脊，屋面改为机瓦；局部保留直棂木门窗、砖博风、冰盘檐。木梁架及木装修保存较好，具有较高的历史、艺术和科学价值。

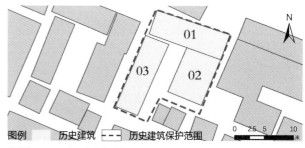

图例　■ 历史建筑　--- 历史建筑保护范围

教堂胡同77号院历史建筑分布图

砖博风

墀头

烟囱

05 火神庙口4号院

BJ_FT_CXD_0016

建筑类别	合院式建筑
年 代	1911～1949年
建筑层数	1层
建筑结构	砖木结构
公布批次	第三批

序号	单栋建筑名称	单栋建筑编号
01	宅门	BJ_FT_CXD_0016_01
02	正房	BJ_FT_CXD_0016_02
03	东厢房	BJ_FT_CXD_0016_03
04	西厢房	BJ_FT_CXD_0016_04

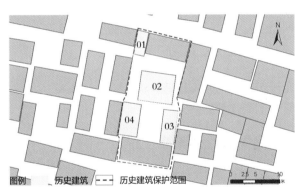

图例 ▨ 历史建筑 ┈┈ 历史建筑保护范围

火神庙口4号院历史建筑分布图

火神庙口4号院院外全景

建筑概况

长辛店火神庙口4号院，为坐南朝北的二进院，尚存宅门、正房、东厢房、西厢房。

火神庙口4号院宅门，六檩硬山，石板底瓦合瓦屋面，如意门形式，如意门上饰砂锅套花瓦，后檐有步步锦横批。正房，七檩硬山，前后出廊，硬山顶，清水脊；石板底瓦合瓦屋面，有前廊、廊子两侧有廊心墙；檐下圆椽，清水青砖墙体，砖叠墀头。东、西厢房，五檩卷棚硬山，清水青砖墙体，砖叠墀头；石板底瓦合瓦屋面，步步锦心屉格栅窗，木构件绿色油饰；建筑的前檐皆有加建。

该建筑是京西南地区的传统民居，因长辛店肌理特征呈现坐南朝北的院落形制，展现该地区丰富的民居营造特点，对研究北京地区传统民居的发展与演变有一定的历史和科学价值。

砂锅套花瓦装饰

宅门正立面

墀头

06 西后街37号院

BJ_FT_CXD_0023

建筑类别	合院式建筑
年　代	1911~1949年
建筑层数	1层
建筑结构	砖木结构
公布批次	第三批

序号	单栋建筑名称	单栋建筑编号
01	北路倒座	BJ_FT_CXD_0023_01

建筑概况

长辛店西后街37号院，坐西朝东，一进四合院，格局尚存，但现仅存倒座，其余建筑皆已翻盖。

倒座面阔五间，七檩卷棚硬山，清水青砖墙体，砖叠墀头；石板瓦屋面，檐下圆椽；西侧墙上步步锦心屉的木制格栅窗、格栅门；东侧后檐墙为圈三套五软心山墙，檐下三层冰盘檐，墙上砖砌拱圈高窗。北侧一间为宅门，如意门形式，宅门上槛置梅花门簪2枚，门头为套砂锅套花的瓦饰。

该建筑是京西南地区的传统民居，倒座保存尚佳，对研究长辛店地区兴衰历史、北京地区传统民居的发展与演变有一定的历史和科学价值；建筑装饰较为精美，有一定的艺术价值。

西后街37号院院外全景

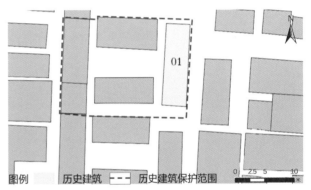

图例　　　历史建筑　---　历史建筑保护范围

西后街37号院历史建筑分布图

砂锅套花瓦装饰

正立面

墀头

墀头及石板瓦屋面

石景山区

模式口地区历史建筑群

模式口地区历史建筑群

模式口西接太行山，北枕燕山，西南有蜿蜒的永定河，地理位置优越，上古时期有人类在此开垦居住、生息繁衍。连绵的山脉形成了天然的交通屏障，模式口古隘口便成了京西地区的重要交通节点，成了西山物资入京的必经之路和重要物流转运站，清朝诗人查慎行就在诗中说道："乱石山有崎岖路，时听征车撼石声。"繁荣的京西古道带来了丰富的历史文化。模式口地处京西通往京城的交通要道，在明代已形成村落，清末至民国时期因煤炭、石料等贸易运输，模式口大街南北两侧更是形成了诸多商铺和民居。

模式口古称"磨石口"，最早为商周时期蓟国所在地，后定为战国时期燕国国都。根据史料记载，燕国攻打齐国后掠夺的珠玉财宝、车甲珍器，都放在燕国的宁台、元英、磨室3个宫殿之中，就在今石景山区模式口、老古城、北辛安、庞村、石景山一带，相传模式口的原称就是由此得来。

三国时期，魏国镇北将军刘靖为巩固边防、屯田种稻，率兵在今模式口西río修建了水利设施戾陵堰，开凿车箱渠，控制永定河泛滥，用于农业灌溉。《魏书·地形志》云："蓟，二汉属广阳，晋属。有燕昭王陵、燕惠王陵、狼山神、戾陵陂。"位于模式口地区的戾陵堰在此后的百年时间里一直发挥着重要的调蓄作用。

唐宋时期，蓟城作为塞北重镇，模式口地区出现了冶铁的记载。《新唐书·地理志》记载："蓟，天主元年，析置广平县（即今天模式口地区），三载省，有铁，有故隋临朔宫。"宋朝地理总志《太平寰宇记》中记载："垣墙山一名万安山，在蓟县西五十里，山有铁鼎，其下有旧置冶

处。"很多学者认为文中记载的就是紧邻模式口的金顶山，置冶处指的就是模式口。此外模式口一带作为燕国古迹。

宋辽金时期，由于边境军事需要，模式口成为京西军事要道之一。《中国北方战争战例选编》记述了两次宋、辽幽州之战，极有可能经过模式口，以减少长途跋涉，直出奇兵。

在明代的文献资料里，模式口大街还是京西与都城联系的重要道路。明朝初年，京西已盛产煤炭和大灰，供给京师，京西物产运往都城都要经过模式口这一必然通道。明朝时期的《宛署杂记》卷五云："县之正西有二道，一出阜成门，一出西直门。自阜成门二里曰夫营……曰田村、又七里曰黄村……又八里曰磨石口，又二里曰离井村，又五里曰麻峪村……为过山总路。"

清代，磨石口（模式口）已成为京西重镇，关于磨石口村的记载则更为丰富。《光绪顺天府·地理志》记载："（顺天府）西北三十五里磨石口镇，干总驻焉。"由此可见，当时磨石口已经成了京西重镇，清末民初，成为远近闻名的富庶村落。

1922年，磨石口村成为北平市郊第一个通电的村庄，改名为模式口村，意为"诸村之模式"。民国初期，京兆尹公署修建京门铁路、石门路等快速交通道路，避免了穿越模式口村街道爬坡之险，模式口交通与商业作用略有下降，大街开始冷落，成为以居住功能为主的京西古村落。

20世纪50年代，模式口大街由政府投资修建，将原有的黄土街道改造为柏油马路，保护区范围内的过街楼也因为其他工程的修建而拆除。2002年，模式口被列为北京第二批历史文化保护区（老城外十片区之一）。

模式口地区的传统民居巧妙利用地形依山麓古道而建，虽然规模和布局上多不似北京老城内的四合院规范，但因地制宜、就近取材。如建筑屋顶材料多用石板，反映了京西地区传统民居的特点，对研究北京地区传统民居的发展与演变具有一定的历史价值和科学价值。很多院落内保存有精美的砖雕、堆塑和彩画，具有一定的艺术价值。列为历史建筑的对象主要是模式口历史街区内的传统民居和商铺，全部为四合院传统形式，建筑年代为清末至民国时期。

模式口地区历史建筑清单

历史建筑名称	历史建筑编号
模式口大街 14 号院	BJ_SJS_JDJ_0001
模式口大街 65 号院	BJ_SJS_JDJ_0005
模式口大街 69 号院	BJ_SJS_JDJ_0007
模式口大街 71 号院	BJ_SJS_JDJ_0008
模式口大街 82 号院	BJ_SJS_JDJ_0011
模式口大街 86 号院	BJ_SJS_JDJ_0013
模式口大街 89 号院	BJ_SJS_JDJ_0014
模式口大街 178 号院	BJ_SJS_JDJ_0025

平面位置示意图　　　　　　　　　　图例　　　历史建筑　　－－－　历史建筑保护范围　　　文物

01 模式口大街69号院

BJ_SJS_JDJ_0007

建筑类别	合院式建筑
年 代	1911～1949年
建筑层数	1层
建筑结构	砖木结构
公布批次	第二批

序号	单栋建筑名称	单栋建筑编号
01	中路偏南院落东厢房	BJ_SJS_JDJ_0007_01
02	东路院落倒座	BJ_SJS_JDJ_0007_02
03	东路院落东厢房	BJ_SJS_JDJ_0007_03
04	东路院落西厢房	BJ_SJS_JDJ_0007_04
05	东路院落正房	BJ_SJS_JDJ_0007_05
06	西路院落倒座	BJ_SJS_JDJ_0007_06
07	西路院落西厢房	BJ_SJS_JDJ_0007_07
08	西路院落东厢房	BJ_SJS_JDJ_0007_08
09	西路院落正房	BJ_SJS_JDJ_0007_09

建筑概况

模式口大街69号院为民国时期建筑，位于石景山区模式口大街中段路北。

模式口大街69号院原是模式口地区地位显赫的李家私宅，保存了自西向东的连续3路院落。其中，西路和东路院落均为一进院，保存完整，有倒座、西厢房、东厢房和正房，正房和倒座均为五间，东西厢房均为三间。中路偏南的院落仅保存了靠近巷口的东厢房。屋顶形式除东侧院倒座为卷棚硬山、过垄脊外，其余均为硬山、清水脊。屋面用石板棋盘心做法或石板瓦做法。

该建筑是京西地区的富商大宅，利用地形依山麓古道而建，建筑屋顶材料多用石板，体现区域建筑做法，反映了京西地区传统民居因地制宜、就近取材的特点，对研究北京地区传统民居的发展与演变具有一定的历史价值和科学价值。

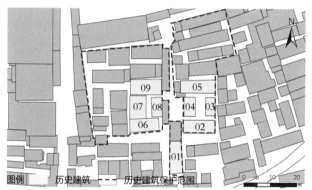

图例　　　历史建筑　‑‑‑历史建筑保护范围

模式口大街69号院历史建筑分布图

雕花博风板及拔檐

正立面

模式口大街69号院院内场景

立面装饰

模式口大街71号院

BJ_SJS_JDJ_0008

建筑概况

模式口大街71号院为清末民初时期建筑，位于石景山区模式口大街中段路北。

模式口大街71号院是模式口地区地位显赫的李垣家私宅，采用传统四合院布局。院落保存完整，有宅门、倒座、二道门、西厢房、东厢房和正房。宅门为如意门，墀头、抱鼓石、石质门楣、垂带石台阶等构件齐全。檐口及博风板有雕花，较为精美。正房和倒座均为五间，硬山顶；东西厢房均为三间，卷棚硬山顶，院内所有建筑屋顶均用石板棋盘心做法。

该建筑是京西地区的富商大宅，采用了传统四合院布局，建筑屋顶材料多用石板，体现了京郊的建筑做法，反映了京西地区传统民居因地制宜、就近取材的特点。院内东厢房南山墙的影壁具有一定的艺术价值。

建筑类别	合院式建筑
年　代	1644～1911年
建筑层数	1层
建筑结构	砖木结构
公布批次	第二批

序号	单栋建筑名称	单栋建筑编号
01	宅门	BJ_SJS_JDJ_0008_01
02	倒座	BJ_SJS_JDJ_0008_02
03	二道门	BJ_SJS_JDJ_0008_03
04	二进院东厢房	BJ_SJS_JDJ_0008_04
05	二进院西厢房	BJ_SJS_JDJ_0008_05
06	二进院正房	BJ_SJS_JDJ_0008_06

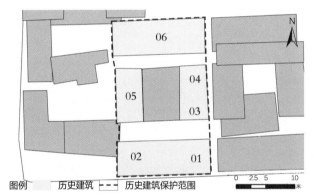

图例　　■ 历史建筑　--- 历史建筑保护范围

0 2.5 5 10 米

模式口大街71号院历史建筑分布图

模式口大街71号院院内场景

座山影壁

宅门正立面

砖雕

03 模式口大街82号院

BJ_SJS_JDJ_0011

建筑类别	合院式建筑
年　代	1911～1949年
建筑层数	1层
建筑结构	砖木结构
公布批次	第二批

序号	单栋建筑名称	单栋建筑编号
01	宅门	BJ_SJS_JDJ_0011_01
02	倒座	BJ_SJS_JDJ_0011_02
03	一进院正房	BJ_SJS_JDJ_0011_03
04	一进院西厢耳房	BJ_SJS_JDJ_0011_04
05	一进院东厢耳房	BJ_SJS_JDJ_0011_05
06	二道门	BJ_SJS_JDJ_0011_06
07	二进院西厢房	BJ_SJS_JDJ_0011_07
08	二进院东厢房	BJ_SJS_JDJ_0011_08
09	二进院正房	BJ_SJS_JDJ_0011_09

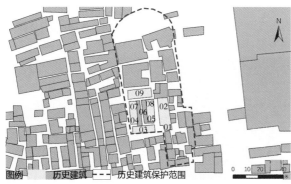

图例　██ 历史建筑　┈┈ 历史建筑保护范围

模式口大街82号院历史建筑分布图

模式口大街82号院院外场景

建筑概况

模式口大街82号院为民国时期建筑，位于模式口大街西段路北。

模式口大街82号院建于1910年左右，营造者是在模式口村西开煤窑的商人仲桂芳，坐北朝南。院落保存较为完整，现存倒座及宅门五间（东西向），一进院正房五间，一进院东、西厢南耳房各二间，二道门，二进院东、西厢房各三间，二进院正房五间。宅门为蛮子门，有墀头。二道门为如意门，门簪刻有"凝瑞"二字。二进院东、西厢房和一进院东厢房南耳房的山墙均有精美堆塑，但部分有破损。院内建筑屋顶为硬山或卷棚硬山，屋面铺石板棋盘心或石板底瓦合瓦。

该建筑是京西地区的富商大宅，采用了传统四合院布局，建筑屋顶材料多用石板，体现了京郊的建筑做法，反映了京西地区传统民居因地制宜、就近取材的特点，对研究北京地区传统民居的发展与演变具有一定的历史价值和科学价值。院内厢房山墙的堆塑具有一定的艺术价值。

倒座正立面

蛮子门

石板棋盘心

04 模式口大街86号院

BJ_SJS_JDJ_0013

建筑类别	合院式建筑
年代	1644～1911年
建筑层数	1层
建筑结构	砖木结构
公布批次	第二批

序号	单栋建筑名称	单栋建筑编号
01	倒座	BJ_SJS_JDJ_0013_01
02	二进院正房	BJ_SJS_JDJ_0013_02

模式口大街86号院院外场景

清水脊

建筑概况

模式口大街86号院为清末至民国时期建筑，位于石景山区模式口大街中段。

模式口大街86号院是目前保存较少的传统商铺院落，坐北朝南，前店后厂。院内传统格局未完整保留，现仅存倒座和二进院正房。其中，倒座和宅门三间，硬山、清水脊，山墙为五进五出做法，南侧墙面上书："恒德成记、洋货发行、布店"。二进院正房三间，卷棚硬山顶，后檐为抽屉檐做法，山墙采用软心做法。

该建筑是京西地区的商铺院落，是模式口地区清末民初商贸繁荣的独特见证，对研究北京地区临街商业建筑的形式、格局及其发展与演变具有一定的历史价值和科学价值。

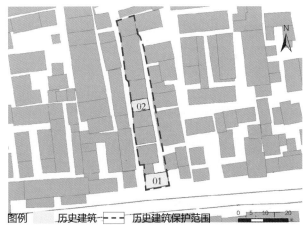

图例　　历史建筑　---　历史建筑保护范围　　0 5 10 20

模式口大街86号院历史建筑分布图

山墙软心

彩绘

05 模式口大街89号院

BJ_SJS_JDJ_0014

建筑类别	合院式建筑
年　代	1911～1949年
建筑层数	1层
建筑结构	砖木结构
公布批次	第二批

序号	单栋建筑名称	单栋建筑编号
01	宅门	BJ_SJS_JDJ_0014_01
02	倒座	BJ_SJS_JDJ_0014_02
03	一进院西厢房	BJ_SJS_JDJ_0014_03
04	一进院东厢房	BJ_SJS_JDJ_0014_04
05	二道门	BJ_SJS_JDJ_0014_05
06	二进院东厢房	BJ_SJS_JDJ_0014_06
07	二进院正房	BJ_SJS_JDJ_0014_07
08	三进院正房	BJ_SJS_JDJ_0014_08
09	东侧跨院西厢房	BJ_SJS_JDJ_0014_09

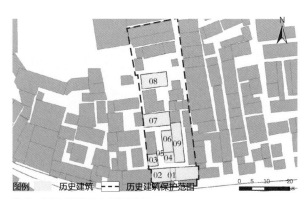

图例　　历史建筑　　历史建筑保护范围

模式口大街89号院历史建筑分布图

模式口大街89号院院外场景

建筑概况

模式口大街89号院为清末至民国时期建筑，位于石景山区模式口大街西段路北。

模式口大街89号院为三进院，坐北朝南。院落保存较为完整，现存倒座及宅门三间，一进院东、西厢南耳房各二间，二道门，二进院东厢房三间，二进院正房三间（东侧有过道），三进院正房三间，东侧跨院西厢房五间。宅门及二道门均有抱鼓石，二道门两侧有砖雕。一进院东厢南耳房南山墙有影壁，上有砖雕。院内建筑屋顶为硬山或卷棚硬山，两座正房屋面为石板棋盘心，其余为合瓦屋面或灰背棋盘心。

该建筑是京西地区的富商大宅，巧妙利用地形依山麓古道而建，建筑屋顶材料多用石板，体现了京郊建筑做法，反映了京西地区传统民居因地制宜、就近取材的特点。院内影壁具有一定的艺术价值。

檐部

石板棋盘心

砖雕

06 模式口大街178号院

BJ_SJS_JDJ_0025

建筑类别	合院式建筑
年代	民国时期
建筑层数	1层
建筑结构	砖木结构
公布批次	第二批

序号	单栋建筑名称	单栋建筑编号
01	倒座	BJ_SJS_JDJ_0025_01
02	西厢房	BJ_SJS_JDJ_0025_02
03	东厢房	BJ_SJS_JDJ_0025_03
04	正房	BJ_SJS_JDJ_0025_04

模式口大街178号院院外场景

宅门正立面

建筑概况

模式口大街178号院为民国时期建筑，位于石景山区模式口大街中段路南。

模式口大街178号院采用传统四合院样式，院落保存较为完整，有倒座六间，东、西厢房各三间，正房五间。正房屋顶为硬山顶、清水脊，其余建筑为卷棚硬山顶，倒座屋脊端部有蝎子尾。所有建筑屋面均采用石板棋盘心做法，山墙形式为五进五出。

该建筑是京西地区传统民居，采用了传统四合院布局，建筑屋顶材料多用石板，体现了京郊的建筑做法，反映了京西地区传统民居因地制宜、就近取材的特点。

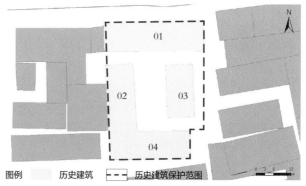

图例 ▨ 历史建筑　---- 历史建筑保护范围

模式口大街178号院历史建筑分布图

山墙五进五出软心

如意门

《北京市历史建筑保护图则　朝阳区·海淀区·丰台区·石景山区》
编写团队

组织编写

北京历史文化名城保护委员会办公室

北京市规划和自然资源委员会

北京建筑大学

编写人员

指导专家： 邱　跃　张大玉

课题负责人： 汤羽扬

参与编写人员（以姓氏笔画排序）：王　冰　王天炜　叶　楠
吕小勇　乔少飞　朵　兰　刘　宛　刘晨蝶　李雪华　辛　萍
张　曼　张　鹏　张燕林　岳升阳　袁琳溪　徐子涵　徐加佳
韩真元　蔡　超